智能制造系列教材

智能制造信息安全技术

INFORMATION SECURITY TECHNOLOGY FOR INTELLIGENT MANUFACTURING

秦志光 聂旭云 秦臻 编著

清华大学出版社
北京

图书在版编目(CIP)数据

智能制造信息安全技术/秦志光，聂旭云，秦臻编著．—北京：清华大学出版社，2022.4
智能制造系列教材
ISBN 978-7-302-60431-0

Ⅰ．①智… Ⅱ．①秦… ②聂… ③秦… Ⅲ．①智能制造系统—信息安全—安全技术—教材
Ⅳ．①TP309

中国版本图书馆 CIP 数据核字(2022)第 052828 号

责任编辑：刘　杨　冯　昕
封面设计：李召霞
责任校对：王淑云
责任印制：杨　艳

出版发行：清华大学出版社
网　　址：http://www.tup.com.cn，http://www.wqbook.com
地　　址：北京清华大学学研大厦 A 座　　邮　　编：100084
社 总 机：010-83470000　　邮　　购：010-62786544
投稿与读者服务：010-62776969，c-service@tup.tsinghua.edu.cn
质量反馈：010-62772015，zhiliang@tup.tsinghua.edu.cn
印 装 者：三河市国英印务有限公司
经　　销：全国新华书店
开　　本：170mm×240mm　　印　　张：7　　字　　数：139 千字
版　　次：2022 年 5 月第 1 版　　印　　次：2022 年 5 月第 1 次印刷
定　　价：28.00 元

产品编号：090016-01

智能制造系列教材编审委员会

丛书序1

FOREWORD

多年前人们就感叹，人类已进入互联网时代；近些年人们又惊叹，社会步入物联网时代。牛津大学教授舍恩伯格（Viktor Mayer-Schönberger）心目中大数据时代最大的转变，就是放弃对因果关系的渴求，转而关注相关关系。人工智能则像一个幽灵徘徊在各个领域，兴奋、疑惑、不安等情绪分别蔓延在不同的业界人士中间。今天，5G的出现使得作为整个社会神经系统的互联网和物联网更加敏捷，使得宛如社会血液的数据更富有生命力，自然也使得人工智能未来能在某些局部领域扮演超级脑力的作用。于是，人们惊呼数字经济的来临，憧憬智慧城市、智慧社会的到来，人们还想象着虚拟世界与现实世界、数字世界与物理世界的融合。这真是一个令人咋舌的时代！

但如果真以为未来经济就“数字”了，以为传统工业就“夕阳”了，那可以说我们就真正迷失在“数字”里了。人类的生命及其社会活动更多地依赖物质需求，除非未来人类生命形态真的变成“数字生命”了，不用说维系生命的食物之类的物质，就连“互联”“数据”“智能”等这些满足人类高级需求的功能也得依赖物理装备。所以，人类最基本的活动便是把物质变成有用的东西——制造！无论是互联网、物联网、大数据、人工智能，还是数字经济、数字社会，都应该落脚在制造上，而且制造是其应用的最大领域。

前些年，我国把智能制造作为制造强国战略的主攻方向，即便从世界上看，也是有先见之明的。在强国战略的推动下，少数推行智能制造的企业取得了明显效益，更多企业对智能制造的需求日盛。在这样的背景下，很多学校成立了智能制造等新专业（其中有教育部的推动作用）。尽管一窝蜂地开办智能制造专业未必是一个好现象，但智能制造的相关教材对于高等院校与制造关联的专业（如机械、材料、能源动力、工业工程、计算机、控制、管理……）都是刚性需求，只是侧重点不一。

教育部高等学校机械类专业教学指导委员会（以下简称“教指委”）不失时机地发起编著这套智能制造系列教材。在教指委的推动和清华大学出版社的组织下，系列教材编委会认真思考，在2020年新型冠状病毒肺炎疫情正盛之时即视频讨论，其后教材的编写和出版工作有序进行。

本系列教材的基本思想是为智能制造专业以及与制造相关的专业提供有关智能制造的学习教材，当然也可以作为企业相关的工程师和管理人员学习和培训之用。系列教材包括主干教材和模块单元教材，可满足智能制造相关专业的基础课和专业课的需求。

主干课程教材，即《智能制造概论》《智能装备基础》《工业互联网基础》《数据技术基础》《制造智能技术基础》，可以使学生或工程师对智能制造有基本的认识。其中，《智能制造概论》教材给读者一个智能制造的概貌，不仅概述智能制造系统的构成，而且还详细介绍智能制造的理念、意识和思维，有利于读者领悟智能制造的真谛。其他几本教材分别论及智能制造系统的"躯干""神经""血液""大脑"。对于智能制造专业的学生而言，应该尽可能必修主干课程。如此配置的主干课程教材应该是此系列教材的特点之一。

特点之二在于配合"微课程"而设计的模块单元教材。智能制造的知识体系极为庞杂，几乎所有的数字-智能技术和制造领域的新技术都和智能制造有关。不仅涉及人工智能、大数据、物联网、5G、VR/AR、机器人、增材制造（3D打印）等热门技术，而且像区块链、边缘计算、知识工程、数字孪生等前沿技术都有相应的模块单元介绍。这套系列教材中的模块单元差不多成了智能制造的知识百科。学校可以基于模块单元教材开出微课程（1学分），供学生选修。

特点之三在于模块单元教材可以根据各个学校或者专业的需要拼合成不同的课程教材，列举如下。

#课程例1——"智能产品开发"（3学分），内容选自模块：

- 优化设计
- 智能工艺设计
- 绿色设计
- 可重用设计
- 多领域物理建模
- 知识工程
- 群体智能
- 工业互联网平台（协同设计，用户体验……）

#课程例2——"服务制造"（3学分），内容选自模块：

- 传感与测量技术
- 工业物联网
- 移动通信
- 大数据基础
- 工业互联网平台
- 智能运维与健康管理

#课程例3——"智能车间与工厂"（3学分），内容选自模块：

- 智能工艺设计
- 智能装配工艺

- 传感与测量技术
- 智能数控
- 工业机器人
- 协作机器人
- 智能调度
- 制造执行系统(MES)
- 制造质量控制

总之,模块单元教材可以组成诸多可能的课程教材,还有如“机器人及智能制造应用”“大批量定制生产”等。

此外,编委会还强调应突出知识的节点及其关联,这也是此系列教材的特点。关联不仅体现在某一课程的知识节点之间,也表现在不同课程的知识节点之间。这对于读者掌握知识要点且从整体联系上把握智能制造无疑是非常重要的。

此系列教材的编著者多为中青年教授,教材内容体现了他们对前沿技术的敏感和在一线的研发实践的经验。无论在与部分作者交流讨论的过程中,还是通过对部分文稿的浏览,笔者都感受到他们较好的理论功底和工程能力。感谢他们对这套系列教材的贡献。

衷心感谢机械教指委和清华大学出版社对此系列教材编写工作的组织和指导。感谢庄红权先生和张秋玲女士,他们卓越的组织能力、在教材出版方面的经验、对智能制造的敏锐是这套系列教材得以顺利出版的最重要因素。

希望这套教材在庞大的中国制造业推进智能制造的过程中能够发挥“系列”的作用!

2021年1月

丛书序2

FOREWORD

制造业是立国之本，是打造国家竞争能力和竞争优势的主要支撑，历来受到各国政府的高度重视。而新一代人工智能与先进制造深度融合形成的智能制造技术，正在成为新一轮工业革命的核心驱动力。为抢占国际竞争的制高点，在全球产业链和价值链中占据有利位置，世界各国纷纷将智能制造的发展上升为国家战略，全球新一轮工业升级和竞争就此拉开序幕。

近年来，美国、德国、日本等制造强国纷纷提出新的国家制造业发展计划。无论是美国的"工业互联网"、德国的"工业 4.0"，还是日本的"智能制造系统"，都是根据各自国情为本国工业制定的系统性规划。作为世界制造大国，我国也把智能制造作为制造强国战略的主改方向，于 2015 年提出了《中国制造 2025》，这是全面推进实施制造强国建设的引领性文件，也是中国建设制造强国的第一个十年行动纲领。推进建设制造强国，加快发展先进制造业，促进产业迈向全球价值链中高端，培育若干世界级先进制造业集群，已经成为全国上下的广泛共识。可以预见，随着智能制造在全球范围内的孕育兴起，全球产业分工格局将受到新的洗礼和重塑，中国制造业也将迎来千载难逢的历史性机遇。

无论是开拓智能制造领域的科技创新，还是推动智能制造产业的持续发展，都需要高素质人才作为保障，创新人才是支撑智能制造技术发展的第一资源。高等工程教育如何在这场技术变革乃至工业革命中履行新的使命和担当，为我国制造企业转型升级培养一大批高素质专门人才，是摆在我们面前的一项重大任务和课题。我们高兴地看到，我国智能制造工程人才培养日益受到高度重视，各高校都纷纷把智能制造工程教育作为制造工程乃至机械工程教育创新发展的突破口，全面更新教育教学观念，深化知识体系和教学内容改革，推动教学方法创新，我国智能制造工程教育正在步入一个新的发展时期。

当今世界正处于以数字化、网络化、智能化为主要特征的第四次工业革命的起点，正面临百年未有之大变局。工程教育需要适应科技、产业和社会快速发展的步伐，需要有新的思维、理解和变革。新一代智能技术的发展和全球产业分工合作的新变化，必将影响几乎所有学科领域的研究工作、技术解决方案和模式创新。人工智能与学科专业的深度融合、跨学科网络以及合作模式的扁平化，甚至可能会消除某些工程领域学科专业的划分。科学、技术、经济和社会文化的深度交融，使人们可以充分使用便捷的软件、工具、设备和系统，彻底改变或颠覆设计、制造、销售、服务和消费方式。因此，工程教育特别是机械工程教育应当更加具有前瞻性、创新性、开放性和多样性，应当更加注重与世界、社会和产业的联系，为服务我国新的“两步走”宏伟愿景作出更大贡献，为实现联合国可持续发展目标发挥关键性引领作用。

需要指出的是，关于智能制造工程人才培养模式和知识体系，社会和学界存在多种看法，许多高校都在进行积极探索，最终的共识将会在改革实践中逐步形成。我们认为，智能制造的主体是制造，赋能是靠智能，要借助数字化、网络化和智能化的力量，通过制造这一载体把物质转化成具有特定形态的产品（或服务），关键在于智能技术与制造技术的深度融合。正如李培根院士在本系列教材总序中所强调的，对于智能制造而言，“无论是互联网、物联网、大数据、人工智能，还是数字经济、数字社会，都应该落脚在制造上”。

经过前期大量的准备工作，经李培根院士倡议，教育部高等学校机械类专业教学指导委员会（以下简称“教指委”）课程建设与师资培训工作组联合清华大学出版社，策划和组织了这套面向智能制造工程教育及其他相关领域人才培养的本科教材。由李培根院士和雒建斌院士为主任、部分教指委委员及主干教材主编为委员，组成了智能制造系列教材编审委员会，协同推进系列教材的编写。

考虑到智能制造技术的特点、学科专业特色以及不同类别高校的培养需求，本套教材开创性地构建了一个“柔性”培养框架：在顶层架构上，采用“主干课教材＋专业模块教材”的方式，既强调了智能制造工程人才培养必须掌握的核心内容（以主干课教材的形式呈现），又给不同高校最大程度的灵活选用空间（不同模块教材可以组合）；在内容安排上，注重培养学生有关智能制造的理念、能力和思维方式，不局限于技术细节的讲述和理论知识推导；在出版形式上，采用“纸质内容＋数字内容”相融合的方式，“数字内容”通过纸质图书中镶嵌的二维码予以链接，扩充和强化同纸质图书中的内容呼应，给读者提供更多的知识和选择。同时，在教指委课程建设与师资培训工作组的指导下，开展了新工科研究与实践项目的具体实施，梳理了智能制造方向的知识体系和课程设计，作为整套系列教材规划设计的基础，供相关院校参考使用。

这套教材凝聚了李培根院士、雒建斌院士以及所有作者的心血和智慧，是我国智能制造工程本科教育知识体系的一次系统梳理和全面总结，我谨代表教育部机械类专业教学指导委员会向他们致以崇高的敬意！

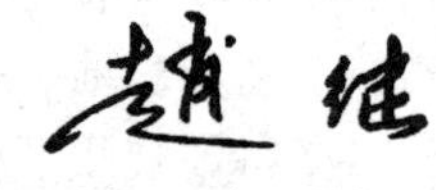

2021年3月

前言

PREFACE

随着智能制造与工业 4.0 战略的提出，工业生产的数字化成为一种不可阻挡的未来趋势，工业控制系统被广泛地应用于电力、交通、能源、水利、冶金、航空航天等国家重要基础设施，对于工业控制系统的信息安全的关注将达到前所未有的高度和广度。

本书从安全防护的角度介绍了智能制造信息安全的一些关键技术和案例，共分为 6 章。第 1 章介绍智能制造信息安全现状和发展趋势以及国内外相关工业信息安全标准。第 2 章介绍密码学基础知识以及数控系统中的密码技术应用案例。第 3 章介绍云计算安全中的可搜索加密和属性基密码技术以及他们在工业互联网和物联网安全中的应用。第 4 章介绍大数据安全中的身份认证技术和隐私保护技术，并给出应用和部署的案例。第 5 章介绍工业防火墙和工业入侵检测系统的相关技术和研究进展。第 6 章参考网络安全等级保护基本要求给出了智能制造工业控制系统安全体系整体设计。

本书适合作为工科院校工业控制软件高年级本科生和研究生教材，也可作为从事相关工作的科研及工程技术人员参考读物。

本书在编写过程中，参考了一些国内外优秀论文、书籍，以及互联网上公布的相关资料，虽已尽量在每一章的参考文献中列出，但由于互联网上资料数量众多、出处引用不明确，可能无法将所有文献一一注明出处，对这些资料的作者表示由衷的感谢，同时声明，原文版权属于原作者。

在本书的编写和出版过程中，得到了电子科技大学网络与数据安全四川省重点实验室师生的大力支持，在此对他们表示感谢。特别感谢袁玉、孙剑飞、鲍阳阳、杨崇智、李玉成、唐瑞、庄添铭、陈玉洁、郭昕淼、蒋宇童等同学为本书顺利地出版所做的大量工作。

作　者

2022 年 4 月

目录

CONTENTS

第1章

智能制造信息安全简介

1.1 智能制造信息安全现状和发展趋势

1.1.1 智能制造信息安全现状

随着“中国制造 2025”全面推进，工业数字化、网络化、智能化加快发展，智能制造领域面临严峻的信息安全威胁。一方面，工业控制系统存在一定的漏洞和安全隐患。操作系统长期未升级、缺乏基本安全设置；生产系统与公用网络存在接口，相关安全机制存在严重安全隐患；野外设备普遍缺乏物理安全防护；远程无线通信系统缺乏接入认证和通信保密防护。另一方面，智能制造网络安全感知、防护体系几乎空白。工业控制系统遭到攻击，不仅可能引发故障停机，还会导致安全事故发生，甚至影响正常公共服务，给社会带来不可估量的损失，而且，工业控制系统承载着事关企业生产、社会经济乃至国家安全的重要工业数据，一旦被窃取、篡改或流动至境外，将对国家安全造成严重威胁。近几年的安全事件屡有发生，呈现出高级持续性威胁(advanced persistent threat，APT)2.0 攻击趋势，如表 1-1 所示。

表 1-1 近年来智能制造信息安全事件

时 间	事 件
2010 年	震网事件，伊朗布什尔核电站遭受震网病毒攻击，导致核电站延期运行，损失难以估量
2012 年	伊朗石油部和国家石油公司内部电脑网络遭病毒攻击
2015 年	乌克兰的电力工业遭受到 BlackEnergy 恶意软件的攻击，导致伊万诺-弗兰科夫斯克地区大面积停电
2016 年	德国 Gundremmingen 核电站计算机系统发现恶意程序
2017 年	“永恒之蓝”“WannaCry”勒索病毒全球爆发
2018 年	台积电 WannaCry 变种病毒，造成三大产线停摆三天，造成 18 亿元损失
2019 年	3 月，委内瑞拉的全国范围断电事件。 6 月，飞机零部件供应商 ASCO 遭遇勒索病毒。 10 月，美国太阳能发电的 sPower 可再生能源发电厂受到网络攻击；印度 kudankulam 核电站遭受到 Dtrack 恶意软件攻击

续表

时　间	事　　件
2020 年	2 月，美国天然气管道商遭攻击，被迫关闭压缩设施。 4 月，葡萄牙跨国能源公司 EDP 遭到勒索软件攻击，被勒索近 1000 万美元。 7 月，国外网络安全公司研究人员在 Treck，Inc. 开发的 TCP/IP 软件库中发现了 19 个 0day 漏洞，其中包含多个远程代码执行漏洞，统称为“Ripple20”。攻击者可以利用这些漏洞在无需用户交互的情况下，实现对目标设备的完全控制，该漏洞波及家用/消费设备、医疗保健、数据中心、电信、能源、交通运输以及许多其他关键基础框架。 9 月，顶象洞见安全实验室发现西门子多款工业交换机存在高危漏洞。利用这些高危漏洞，攻击者能够远程窃取网络传输的工业控制指令、账户密码等敏感信息，并可以直接对联网工业控制设备下达停止、销毁、开启、关闭等各种指令

国家互联网应急中心监测发现[1]，2020 年上半年，我国暴露在互联网上的工业设备达 4630 台，具体设备类型包括可编程逻辑控制器、串口服务器、智能楼宇类设备、通信适配器、工业交换机、工业摄像头、数据采集监控服务等，其中可编程逻辑控制器、串口服务器、智能楼宇类设备占比排名前三位，分别是 56.2%、24.6%、11.6%。暴露在互联网的工业控制系统一旦被攻击，将严重威胁生产系统的安全。监测发现的重点行业联网监控管理系统类型包括企业经营管理、企业生产管理、政府监管、行业云平台等，其中企业经营管理、企业生产管理占比分别是 40%、34%。我国大型工业云平台持续遭受来自境外的网络攻击，平均攻击次数为 114 次/日，攻击类型包括 Web 应用攻击、命令注入攻击、漏洞利用攻击、拒绝服务、Web 漏洞利用等，其中 Web 应用攻击、命令注入攻击、漏洞利用攻击占比最高，分别是 25.4%、22.2%、16.4%。2020 年上半年我国工业控制系统产品漏洞共计 323 个，其中高中危漏洞占比达 94.7%。漏洞影响的产品广泛应用于制造业、能源、水务、信息技术、化工、交通运输、商业设施、农业、水利工程等行业，其中制造业、能源、水务行业产品漏洞分别是 102 个、98 个、64 个。另外漏洞涉及的产品供应商主要包括 ABB、万可、西门子、研华、施耐德、摩莎、三菱、海为、亚控、永宏等，其中 ABB、万可、西门子供应商产品漏洞分别是 38 个、34 个、30 个。

1.1.2 智能制造面临的信息安全威胁

“中国制造 2025”的推进与实施将出现区别于已有互联网商业模式所呈现的网络安全威胁，主要表现在。

(1) 颠覆了已有的互联网商业模式，网络安全威胁严重影响物质形态和特性的异化。

当互联网技术融入智能制造，便可实现产品的数据化、智能化，实现远程操控、实时感应。运用大数据和云计算建立统一的智能管理服务平台，各生产设备可以自发地实现信息交换、自动控制和自主决策，以及产品的实时监控与预警、维护，提高稳定性和各环节整体协作效率。可见，在智能制造中网络安全威胁不但可能会侵入产品"创意—设计—生产—消费—服务"的各环节，还将影响和改变产品的物理特性与物理形态，并将由于网络信息威胁的侵入使之异化，形成智能制造中的网络安全威胁新特征。

(2) 智能制造中信息物理系统(cyber physical system，CPS)成为网络安全威胁的核心目标。

由于CPS中物理部件处于开放的环境中，其信息隐藏的程度受限，CPS中的设备极易暴露位置信息与时间信息，容易造成潜在的信息被物理攻击。而当前的推理技术与数据挖掘技术也难以保障CPS中海量数据的隐私与安全，CPS如何应对网络安全威胁成为研究热点。例如，由于处于开放环境，网络间通信的延迟、抖动以及计算任务运行时的调度算法，都将影响CPS的效率与性能。另外，CPS的运行牵涉时间攸关的计算任务与安全攸关的控制任务，如何在保证实时约束下实现控制性能最优，成为CPS运行中对抗网络威胁的难点。

(3) 开放环境中智能制造存在受到攻击的风险。

在当前的框架下，存在利用物理空间的部件对信息空间进行攻击的危险。例如，可利用电磁干扰影响与破坏智能制造系统与环节中计算部件的运行，也可以利用信息空间的部件对物理空间进行攻击。大规模信息攻击可以引发大规模精确的物理攻击，其破坏力远远大于目前的计算机与网络攻击。继"震网"和"棱镜门"事件之后，网络基础设施遭遇全球性高危漏洞侵扰，"心脏流血"漏洞威胁我国境内约3.3万网站服务器，"Bash"漏洞影响范围遍及全球约5亿台服务器及其他网络设备，基础通信网络和金融、工业控制等重要信息系统安全面临严峻挑战。所以，智能制造将面临更为严峻的网络安全考验。

(4) 智能制造安全标准缺失的挑战。

仅仅实现装备的高度自动化、数字化、智能化，其实并不能完全保障智能制造发挥作用，还需MES(制造执行管理系统)、ERP(企业资源计划)和工业控制等软件的集成应用，确保生产作业计划的准确性和企业资源的优化配置。不仅要有一流的硬件设施，还需要提供一流的软件和服务。然而，上述的所有智能系统都需要统一完善的智能制造安全标准作为重要基础。目前，我国智能制造安全标准制订工作正在进行，参照国际标准化组织和国际电工协会联合制定的IEC 62264标准，结合我国制造业发展实际情况制订的智能制造标准化体系，其中包括工业大数据、工业互联网标准、信息安全标准等。截至2020年12月，共有19项与智能制造信息安全相关的国家标准已发布。

1.1.3 智能制造信息安全发展趋势

党中央、国务院高度重视信息安全问题。习近平总书记多次就网络安全和信息化工作作出重要指示，强调“安全是发展的前提，发展是安全的保障，安全和发展要同步推进。”《中国制造 2025》提出要“加强智能制造工业控制系统网络安全保障能力建设，健全综合保障体系”；《国务院关于深化制造业与互联网融合发展的指导意见》将“提高工业信息系统安全水平”作为主要任务之一；2017 年 6 月 1 日实施的《中华人民共和国网络安全法》也要求对包括工业控制系统在内的“可能严重危害国家安全、国计民生、公共利益的关键信息基础设施”实行重点保护。2017 年 11 月，国务院印发了《国务院关于深化“互联网＋先进制造业”发展工业互联网的指导意见》，提出“建立工业互联网安全保障体系、提升安全保障能力”的发展目标，部署“强化安全保障”的重点工程，为工业互联网安全保障工作制定了时间表和路线图。

2017 年 12 月 29 日，工信部发布了《工业控制系统信息安全行动计划（2018—2020 年）》（以下简称《行动计划》），引发各界广泛关注。《行动计划》从安全管理水平、态势感知能力、安全防护能力、应急处置能力、产品发展能力等方面对工业控制系统信息安全作出具体行动计划。《行动计划》指出重点提升工业控制系统信息安全态势感知、安全防护和应急处置能力，促进产业创新发展，建立多级联防联动工作机制，为制造强国和网络强国战略建设奠定坚实基础。确保信息安全与信息化建设同步规划、同步建设、同步运行。确立企业工业控制系统信息安全主体责任地位，强化责任意识，把工业控制系统信息安全作为工业生产安全的重要组成部分，将安全要求纳入企业生产、经营、管理各环节。建成全国工业控制系统信息安全在线监测网络、应急资源库、仿真测试平台、信息共享平台、信息通报平台（“一网一库三平台”），态势感知、安全防护、应急处置能力显著提升。

“一网”是指全国工业控制系统信息安全在线监测网络。支持国家工业信息安全发展研究中心牵头，联合地方、行业等技术机构，建设以国家工业控制系统信息安全在线监测平台为中心，纵向连接省级分中心，横向覆盖重点工业行业的多级监测网络，实现对全国重要工业控制系统运行状态、风险隐患的实时感知、精准研判和科学决策。

“一库”是指工业控制系统信息安全应急资源库。按照《国家网络安全事件应急预案》总体要求，支持国家工业信息安全发展研究中心建设应急资源库，汇聚漏洞、风险、解决方案、预案等信息，实现辅助决策、预案演练等功能。在突发工业信息安全事件时，支撑行业主管部门协调技术专家和专业队伍对事件开展分析研判，并调动相关应急资源及时有效地开展处置工作。

“三平台”是指工业控制系统信息安全仿真测试平台、信息共享平台和信息通报平台。建设工业控制系统信息安全仿真测试平台，以化工生产、管道输送、污水处理、智能制造等真实工业控制场景为基础，模拟业务流程，还原真实现场，满足培训、测试、验证、试验等多元化需求。充分利用云计算、大数据等技术手段，建设国家工业控制系统信息安全信息共享平台，建立共享清单，明确共享内容，推动形成政府引导、企业主体、社会参与、利益共享的工作机制。支持建设工业控制系统信息安全信息通报预警平台，及时发布风险预警信息，跟踪风险防范工作进展，形成快速高效、各方联动的信息通报预警体系。

从安全演进路径来看，工业信息安全已成为国家安全体系的有机组成部分；从全球范围来看，工业信息安全形势日趋严峻；从国家需求来看，各国加紧工业信息安全领域布局；从我国现状来看，工业信息安全风险逐步威胁到经济社会健康发展。

工业信息安全发展面临意识、环境、体系三个方面的挑战：工业信息安全意识不足、工业信息安全发展环境不成熟和工业信息安全体系建设尚在起步阶段。因此亟须进一步提高认识、加快机制建设、推动体系建立、提升技术实力、促进产业发展、强化"国家队"能力建设。

1.2 面向智能制造的工业信息安全标准

1.2.1 国际标准简介

国际上针对工业控制系统信息安全标准进行研究的组织很多，其中包括国际标准化组织，如国际电工委员会(IEC)、国际自动化协会(ISA)和电气与电子工程师协会(IEEE)，以及欧美等发达国家的标准技术研究院及行业协会等。目前欧美等发达国家在标准法规方面已经形成了从国家法规、标准、指南到行业规范等一系列规范性文件[2]，其中由国际标准化组织 IEC/TC65 与 ISA99 联合发布的 IEC 62443 标准备受关注[3]。

2011 年，IEC 62443 标准由最初的《工业通信网络与系统信息安全》改为《工业过程测量、控制和自动化网络与系统信息安全》。IEC 62443 标准分为 4 个部分，12 个文档。第 1 部分描述了信息安全的通用方面，如术语、概念、模型、缩略语、系统信息安全符合性度量。第 2 部分主要针对用户的信息安全程序，主要包括整个信息安全系统的管理、人员和程序设计方面，是用户建立其信息安全程序时需要考虑的。第 3 部分主要针对系统集成商保护系统所需的技术性信息安全要求。它主要是系统集成商在把系统组装到一起时需要处理的内容，包括将整体工业自动化控制系统设计分配到各个区域和通道的方法，以及信息安全保障等级的定义和要求。第 4 部分主要针对制造商提供的单个部件的技术性信息安全要求，包括系统的硬件、软件和信息部分，以及当开发或获取这些类型的部件时需要考虑的特定技术性信息安全要求。

国外对工业控制系统信息安全标准的研究起步较早，从标准的发展看具备以下几个特点。

(1) 已发布的标准持续更新，且不同标准间的要求不断在相互借鉴和融合。

美国国家标准与技术研究院(NIST)SP 800-53《信息系统和组织的安全和隐私控制》在2007年补充了工业控制系统的安全控制要求后，于2013年又发布了修订版4进行更新。而NIST SP 800-82《工业控制系统安全指南》在2011年正式发布后，于2014年发表的修订版中结合了NIST SP 800-53的部分工业控制系统的安全要求，对其控制和控制基线进行了调整，增加了专门针对工业控制系统的补充指南。IEC 62443E5标准在建立和完善工业控制系统信息安全标准体系时，直接采纳了由荷兰国际仪器用户协会(WIB)发布的《过程控制域(PCD)-供应商安全需求》作为IEC 62443 2～4部分。而由NIST在2014年发布的《改善关键基础设施网络安全框架》中，安全要求直接引用了既有的IEC 62443、NIST SP 800-53、IEC 27001、COBIT等标准中的部分技术要求。

(2) 从行业看，电力、石油天然气及核设施等行业的标准研究处于领先地位。

从已发布的标准看，除了通用的工业控制系统标准外，电力及石油天然气行业的标准居多。一方面体现了这些行业的信息安全问题暴露较为突出，行业协会较早地着手出台相关标准及法规建立信息安全保障体系；另一方面也体现了标准和法规的出台更具有问题导向性和行业适用性。

(3) 标准发布后积极发布政策法规推动标准的实施和落地。

为了更好地推行IEC 62443标准，国际自动化协会(ISA)下属安全合规性委员会(ISCI)推出了ISASecure EDSA认证计划作为IEC 62443标准适用性的评估。目前开展的标准符合性测试认证包括：①IEC 62443-3-3：系统安全保障(SSA)认证要求；②IEC 62443-4-1：安全开发生命周期保障(SDLA)认证要求；③IEC 62443-4-2：嵌入式设备安全保障(EDSA)认证要求。通过实践来不断修正IEC 62443标准的适用性。美国国家标准与技术研究院(NIST)于2014年2月正式发布了《改善关键基础设施网络安全框架》后，美国国土安全部(DHS)推出了关键基础设施网络社区(C^3，即C立方)志愿计划，为自愿参考本框架的组织机构提供免费支持，以增强基础设施网络安全系统的可靠性。同时，美国国土安全部(DHS)还推出了CSET安全评估工具，支持多个安全标准的评估，如NIST SP 800-53和NIST SP 800-82等。

1.2.2 国内标准简介

工业和信息化部、国家标准化管理委员会2018年印发《国家智能制造标准体系建设指南(2018年版)》(以下简称《指南》)，明确提出到2019年，累计制修订300项以上智能制造标准，全面覆盖基础共性标准和关键技术标准，逐步建立起较为完善的智能制造标准体系。《指南》中指出，信息安全标准用于保证智能制造领域相关信息系统及其数据不被破坏、更改、泄露，从而确保系统能连续可靠地运行，包括软件安全、设备信息安全、网络信息安全、数据安全、信息安全防护及评估等标准。

2014年12月2日，全国工业过程测量控制和自动化标准化技术委员会(SAC/TC124)秘书处在中国职工之家组织"推荐性国家标准GB/T 30976.1—2014和GB/T 30976.2—2014《工业控制系统信息安全》(2个部分)"的发布暨报告会。推荐性国家标准GB/T 30976.1—2014和GB/T 30976.2—2014《工业控制系统信息安全》是我国工业控制领域首次发布信息安全标准，填补了该领域系统和产品评估及验收时无标准可依的空白。作为国家关键生产设施和基础设施运行的"神经中枢"，工业控制系统的安全关系到国家的战略安全。GB/T 30976规定了工业控制系统(SCADA，DCS，PLC，PCS等)信息安全评估的目标、评估的内容、实施过程等，主要内容包括安全分级、安全管理基本要求、技术要求、安全检查测试方法等基本要求，适用于系统设计方、设备生产商、系统集成商、工程公司、用户、资产所有人以及评估认证机构等对工业控制系统的信息安全进行评估和验收时使用。规定了对工业控制系统的信息安全解决方案的安全性进行验收的流程、测试内容、方法及应达到的要求。该方案可以通过增加设备或系统提高其安全性，可作为实际工作中的指导，适用于石油、化工、电力、核设施、交通、冶金、水处理、生产制造等行业使用的控制系统和设备。该规范于2015年2月1日起正式实施。

2016年10月13日，国家质检总局、国家标准委联合召开新闻发布会，批准发布了315项重要国家标准，其中包括了由全国工业过程测量控制和自动化标准化技术委员会(SAC/TC124)秘书处组织国内自动化领军企业、科研院所专家以及来自钢铁、化工、石油、石化、电力、核设施等领域的行业用户，结合DCS和PLC核心技术及工程实践，自主制定的6项推荐性国家标准，分别是：GB/T 33007—2016《工业通信网络　网络和系统安全　建立工业自动化和控制系统安全程序》、GB/T 33008.1—2016《工业自动化和控制系统网络安全　可编程序控制器(PLC)　第1部分：系统要求》、GB/T 33009.1—2016《工业自动化和控制系统网络安全　集散控制系统(DCS)第1部分：防护要求》、GB/T 33009.2—2016《工业自动化和控制系统网络安全　集散控制系统(DCS)第2部分：管理要求》、GB/T 33009.3—2016《工业自动化和控制系统网络安全　集散控制系统(DCS)第3部分：评估指南》、GB/T 33009.4—2016《工业自动化和控制系统网络安全　集散控制系统(DCS)第4部分：风险与脆弱性检测要求》。《工业自动化和控制系统网络安全》系列标准从工业自动化和控制系统的不同网络层次和组成部分规定了网络安全的检测、评估、防护和管理等要求，为工业控制系统的设计方、设备生产商、系统集成商、工程公司、用户、资产所有人及评估认证机构等提供了可操作的工业控制系统信息安全标准；填补了国内外在该领域的空白，进一步完善了我国网络安全标准体系；促进我国自主工业控制系统网络安全产业和管理体系的形成；有力地保障了国家基础设施安全和国家利益安全。这批标准于2017年5月1日起正式实施。

2016年8月29日，国家质量监督检验检疫总局、国家标准化管理委员会发布公告批准了GB/T 32919—2016《信息安全技术　工业控制系统安全控制应用指南》国家标准。该标准提供了可用于工业控制系统的安全控制列表，规约了工业控制系统的安全控制选择过程，以便构造工业控制系统的安全程序——一种概念层面上的安全解决方案。该标准适用于：①方便规约工业控制系统的安全功能需求，为安全设计（包括安全体系结构设计）和安全实现奠定有力的基础。②指导工业控制系统安全整改中安全能力的调整和提高，以便能使工业控制系统保持持续安全性。本标准的适用对象是组织中负责工业控制系统建设的组织者、负责信息安全工作的实施者和其他从事信息安全工作的相关人员。该标准于2017年3月1日起实施。

2017年5月，公安部颁布了GA/T 1390.5—2017《信息安全技术　网络安全等级保护基本要求　第5部分：工业控制系统安全扩展要求》，提出了专门针对工业控制系统的安全技术要求及管理要求，为工业控制系统的安全防护提供了重要参考。

2018年6月7日，国家市场监督管理总局、国家标准化管理委员会发布公告批准393项国家标准和7项国家标准外文版，其中包括4项工业控制系统安全标准，分别是：GB/T 36323—2018《信息安全技术　工业控制系统安全管理基本要求》、GB/T 36324—2018《信息安全技术　工业控制系统信息安全分级规范》、GB/T 36466—2018《信息安全技术　工业控制系统风险评估实施指南》和GB/T 36470—2018《信息安全技术　工业控制系统现场测控设备通用安全功能要求》。这些标准均于2019年1月1日起实施。

GB/T 36323—2018《信息安全技术　工业控制系统安全管理基本要求》规定了工业控制系统安全管理基本框架及该框架包含的各关键活动，并提出为实现该安全管理基本框架所需的工业控制系统安全管理基本控制措施，在此基础上，给出了各级工业控制系统安全管理基本控制措施对应表，用于对各级工业控制系统安全管理提出安全管理基本控制要求。该标准适用于非涉及国家秘密的工业控制系统建设、运行、使用、管理等相关方面进行工业控制系安全管理的规划和落实，也可供工业控制系统安全测评与安全检查工作作为参考依据。

GB/T 36324—2018《信息安全技术　工业控制系统信息安全分级规范》规定了基于风险评估的工业控制系统信息安全等级划分规则和定级方法，提出了等级划分模型和定级要素，包括工业控制系统资产重要程度、存在的潜在风险影响程度和需抵御的信息安全威胁程度，并提出了工业控制系统信息安全四个等级的特征。该标准适用于工业生产企业以及相关行政管理部门，为工业控制系统信息安全等级的划分提供指导，为工业控制系统信息安全的规划、设计、实现、运维及评估和管理提供依据。

GB/T 36466—2018《信息安全技术　工业控制系统风险评估实施指南》规定了工业控制系统风险评估实施的方法和过程。该标准适用于指导第三方安全检测评估机构对工业控制系统的风险评估实施工作，也可供工业控制系统业主单位进行自评估时参考。

GB/T 36470—2018《信息安全技术　工业控制系统现场测控设备通用安全功能要求》规定了工业控制系统现场测控设备的用户标识与鉴别、使用控制、数据完整性、数据保密性、数据流限制、资源可用性6类通用的安全功能要求。该标准适用于指导设备的安全设计、开发、测试与评估。

2019年5月10日，国家市场监督管理总局、国家标准委发布“2019年第6号中国国家标准公告”，批准发布了173项国家标准和3项国家标准修改单，其中就包括了等级保护新标准GB/T 22239—2019《信息安全技术　网络安全等级保护基本要求》。标准中增加了“工业控制系统安全扩展要求”，结合工业控制系统的特点对物理和环境安全、网络和通信安全、设备和计算安全、安全建设管理、安全运维管理做出了特别的要求。

2019年8月30日，国家市场监督管理总局、国家标准委发布“2019年第10号中国国家标准公告”，批准发布了498项国家标准和6项国家标准修改单，其中13项为智能制造相关国家标准，与智能制造信息安全相关的有7项，分别是：GB/T 37933—2019《信息安全技术　工业控制系统专用防火墙技术要求》、GB/T 37934—2019《信息安全技术　工业控制系统网络安全隔离与信息交换系统安全技术要求》、GB/T 37941—2019《信息安全技术　工业控制系统网络审计产品安全技术要求》、GB/T 37953—2019《信息安全技术　工业控制系统网络监测安全技术要求及测试评价方法》、GB/T 37954—2019《信息安全技术　工业控制系统漏洞检测产品技术要求及测试评价方法》、GB/T 37962—2019《信息安全技术　工业控制系统产品信息安全通用评估准则》、GB/T 37980—2019《信息安全技术　工业控制系统安全检查指南》。这些标准均于2020年3月1日起实施。

GB/T 37933—2019《信息安全技术　工业控制系统专用防火墙技术要求》规定了工业控制系统专用防火墙(以下简称工业控制防火墙)的安全功能要求、自身安全要求、性能要求和安全保障要求。该标准适用于工业控制防火墙的设计、开发和测试。

GB/T 37934—2019《信息安全技术　工业控制系统网络安全隔离与信息交换系统安全技术要求》规定了工业控制网络安全隔离与信息交换系统的安全功能要求、自身安全要求和安全保障要求。该标准适用于工业控制网络安全隔离与信息交换系统的设计、开发及测试。

GB/T 37941—2019《信息安全技术　工业控制系统网络审计产品安全技术要求》规定了工业控制系统网络审计产品的安全技术要求，包括安全功能要求、自身安全要求和安全保障要求。该标准适用于工业控制系统网络审计产品的设计、生产和测试。

GB/T 37953—2019《信息安全技术　工业控制系统网络监测安全技术要求及测试评价方法》规定了工业控制网络监测产品的安全技术要求和测试评价方法。

该标准适用于工业控制网络监测产品的设计生产方对其设计、开发及测评等提供指导，同时也可为工业控制系统设计、建设和运维方开展工业控制系统安全防护工作提供指导。

GB/T 37954—2019《信息安全技术　工业控制系统漏洞检测产品技术要求及测试评价方法》规定了针对工业控制系统的漏洞检测产品的技术要求，包括安全功能要求、自身安全要求和安全保障要求，以及相应的测试评价方法。该标准适用于工业控制系统漏洞检测产品的设计、开发和测评。

GB/T 37962—2019《信息安全技术　工业控制系统产品信息安全通用评估准则》定义了工业控制系统产品信息安全评估的通用安全功能组件和安全保障组件集合，规定了工业控制系统产品的安全要求和评估准则。该标准适用于工业控制系统产品安全保障能力的评估，产品安全功能的设计、开发和测试也可参照使用。

GB/T 37980—2019《信息安全技术　工业控制系统安全检查指南》给出了工业控制系统信息安全检查的范围、方式、流程、方法和内容。该标准适用于开展工业控制系统的信息安全监督检查、委托检查工作，同时也适用于各企业在本集团（系统）范围内开展相关系统的信息安全自检查。

习题

1. 为什么工业控制系统的安全问题越来越严峻？

2. 试归纳总结智能制造信息安全的重要性。

3.《工业控制系统信息安全行动计划（2018—2020 年）》中的“一网一库三平台”指的是什么？

4. 查阅 GB/T 36324—2018《信息安全技术　工业控制系统信息安全分级规范》，试给出工业控制系统信息安全四个等级的特征。

参考文献

[1] 智研咨询. 2020 年中国工业控制系统安全发展概况、有效策略及未来发展趋势分析[EB/OL]. https://www.chyxx.com/industry/202101/926000.html

[2] KAGERMAN H, WAHLSTER W, HELBIG J. Securing the future of German manufacturing industry: Recommendations for implementing the strategic initiative INDUSTRIE 4.0[J]. Final report of the Industrie, 2013, 4(0).

[3] 邸丽清，高洋，谢丰. 国内外工业控制系统信息安全标准研究[J]. 信息安全研究，2016，2(005)：435-441.

第2章

密码学基本原理

近年来，电信、能源、装备制造等重点行业正逐步成为网络攻击的“重灾区”，关键基础设施及其控制系统的信息安全脆弱性日益彰显。例如，2016 年，乌克兰和以色列的电力系统先后遭到大规模的网络攻击，再次引发各方对工业控制系统信息安全的关注。密码技术作为信息安全保障的重要基础，也是工业控制系统信息安全防护的重要组成部分，能够有效提高工业控制系统访问控制强度、消减指令攻击威胁、保障系统运行数据安全。本章主要介绍密码学的基础知识以及部分国产商用密码算法。本章二维码中的视频为中国大学 MOOC 平台上的课程“现代密码学”，可进入网址进一步了解：https://www.icourse163.org/course/UESTC-1003046001。

2.1 密码学概述

密码学是一门年轻又古老的学科，它有着悠久而奇妙的历史。它用于保护军事和外交通信可追溯到几千年前。密码学最初是一门加密的艺术和科学，如今密码学领域已经涵盖了认证、数字签名、细粒度访问控制、可搜索加密以及更多的基本安全功能。而随着当今信息时代的高速发展，密码学的作用也越来越显得重要。它已不仅仅局限于应用在军事、政治和外交方面，而更多的是与人们的生活息息相关，如人们在网上进行购物、与他人交流、使用信用卡进行匿名投票等，都需要密码学的知识来保护人们的个人信息和隐私。

2.1.1 密码学的基本概念

密码指的是采用特定变换的方法对信息进行加密保护、安全认证的技术、产品和服务。研究密码编制的科学称为密码编码学（Cryptography），研究密码破译的科学称为密码分析学（Cryptanalysis），密码编码学和密码分析学共同组成密码学（Cryptology）。密码学并不能解决所有的信息安全问题，其主要目标是提供以下四种安全服务。

密码学的基本概念

(1) 机密性。机密性是指保持信息内容不被非授权者获取的一项服务。

(2) 数据完整性。数据完整性是指致力于防止数据遭非法篡改的一项服务。

为确保数据完整性，一方必须能够检测到非授权方对数据的操作，包括插入、删除、替换，等等。

(3) 认证。认证包括实体认证和信息源认证，其中数据源认证隐含了数据完整性。

(4) 不可抵赖性。不可抵赖性是指防止否认以前承诺或行为的一项服务。当由于某个实体否认执行过某种行为而引起纠纷时，就有必要采取一种方式解决这类情况。

以机密性为例。密码技术的基本思想是伪装信息，使未授权者不能理解它的真实含义，所谓伪装就是对数据进行一组可逆的数学变换。伪装前的原始数据称为明文(plaintext)，有时也称为消息(message)，伪装后的数据称为密文(ciphertext)，伪装的过程称为加密(encryption)，去掉密文的伪装恢复出明文，这一过程称为解密(decryption)。加密和解密均在密钥(key)的控制下进行。用于对数据加密的一组数学变换称为加密算法。用于解密的一组数学变换是加密算法的逆，称为解密算法。因此，一个密码系统通常由5部分组成。

(1) 明文空间 M，它是全体明文的集合。

(2) 密文空间 C，它是全体密文的集合。

(3) 密钥空间 K，它是全体密钥的集合。其中每一个密钥 k 均由加密密钥 k_e 和解密密钥 k_d 组成，即 $k=(k_e,k_d)$。

(4) 加密算法 E，它是一族由 M 到 C 的加密变换。

(5) 解密算法 D，它是一族由 C 到 M 的解密变换。

如图2-1所示，发送方在加密密钥 k_e 的控制下将明文数据 m 加密成密文 c，然后将密文数据在公开的信道上传输，并通过安全信道给合法接收方分配密钥。合法接收方收到密文后，在解密密钥的控制下将密文恢复成明文。因为数据以密文形式在网络中传输，而且只给合法接收者分配密钥。这样，信道上的攻击者即使窃取到密文，也由于没有密钥而不能得到明文，因此不能理解密文的真实含义，从而达到确保数据机密性的目的。

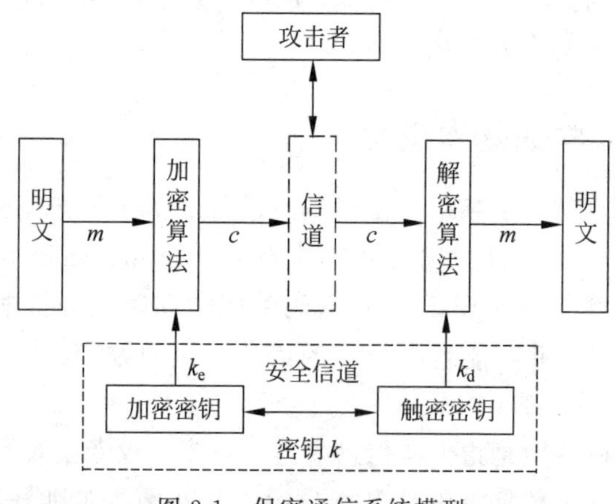

图2-1 保密通信系统模型

一个好的密码体制至少应满足两个条件：

(1) 在已知明文 m 和加密密钥 k_e 时，容易计算密文 $C=E_{k_e}(m)$；在已知密文 c 和解密密钥 k_d 时，容易计算 $m=D_{k_d}(c)$。

(2) 在不知解密密钥 k_d 时，不可能由密文 c 恢复出明文 m。

密码分析学的目标是破译密码算法，即得到密钥或者是得到合法密文对应的明文。其前提是著名的 Kerckhoff 假设，即密码体制的安全性仅依赖于对密钥的保密，而不应依赖于算法的保密。为了抵抗密码分析，密码系统需要满足即使达不到理论上是不可破的，也应当为计算上不可破的。也就是说，由截获的密文或某些已知明文密文对，通过现有的计算资源要确定密钥或恢复合法密文相应的明文是不可行的。

密码分析者攻击密码体制的方法主要有：

(1) 穷举攻击。通过试遍所有的密钥来进行破译。一般可通过增大密钥空间来抵抗。

(2) 统计分析攻击。通过分析密文和明文的统计规律来破译。密码算法设计时应尽可能设法使明文和密文的统计规律不一样。

(3) 解密变换攻击。针对加密变换的数学基础，通过数学方法求解来设法找到密钥或合法密文对应的明文。针对这类攻击，可选用具有坚实的数学基础和足够复杂的密码算法。

2.1.2 密码算法的分类

基础密码算法根据密钥使用的方式不同，可分为无密钥密码算法、对称密钥密码算法和非对称密钥密码算法[1]。无密钥密码算法指的是算法中没有用到密钥的密码算法，如杂凑函数、单向置换函数、随机序列发生器等。对称密钥密码算法指的是加密密钥和解密密钥相同或者是加密密钥和解密密钥之间很容易相互推导的密码算法。这一类算法有流密码算法、分组密码算法、消息摘要函数等。非对称密钥密码算法又称为公钥密码算法，其加密密钥和解密密钥不同，而且相互之间在没有秘密参数的情况下很难相互推导。这一类算法包括公钥加密算法、数字签名算法和身份认证算法等。如图 2-2 所示。

2.1.3 密码应用技术框架

实现密码的功能，需要密码应用技术体系的支撑。密码应用技术体系框架[2]包括密码资源、密码支撑、密码服务和密码应用四个层次，以及提供管理服务的密码管理基础设施，如图 2-3 所示。

密码资源层提供基础性的密码算法资源，底层提供流密码、分组密码、公钥密码、杂凑函数、数字签名等基础密码算法；上层以算法软件、算法 IP 核和算法芯片等形态对底层的基础密码算法进行封装。

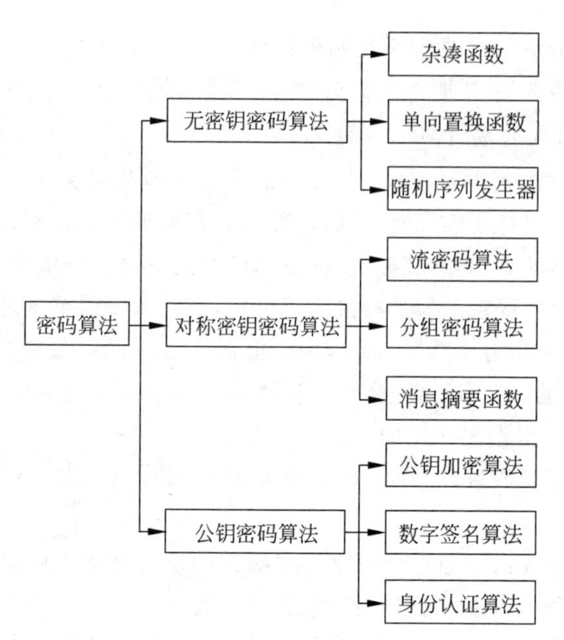

图 2-2　密码算法的分类

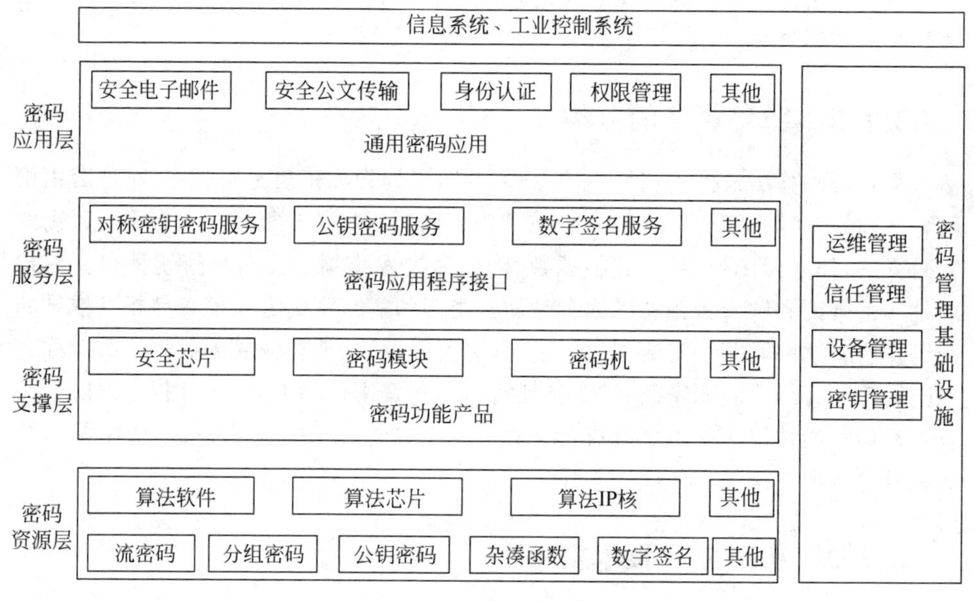

图 2-3　密码应用技术框架

密码支撑层提供密码资源调用，由安全芯片、密码模块和密码机等各类密码功能产品组成。

密码服务层提供密码应用接口，分为对称密钥密码服务、公钥密码服务、数字签名服务等，为上层应用提供机密性、完整性、身份认证、不可否认性等安全服务。

密码应用层调用密码服务层提供的密码应用接口，实现所需要的数据加解密、数字签名和验签等功能，为信息系统、工业控制系统提供安全服务，如安全电子邮件、安全公文传输、权限管理、身份认证等。

2.2 加密体制

加密算法主要用来提供机密性保护。早期的加密算法其加密密钥和解密密钥相同，即加密方和解密方的密钥是对称的，因而称为对称密钥加密体制。

2.2.1 对称密钥加密算法

对称密钥加密算法简称对称密码，主要用于数据的机密性保护，其加密和解密基本流程如图2-4所示。由于加密和解密使用的是相同的密钥，所以在使用之前，发送方和接收方要通过安全的方式共享密钥。

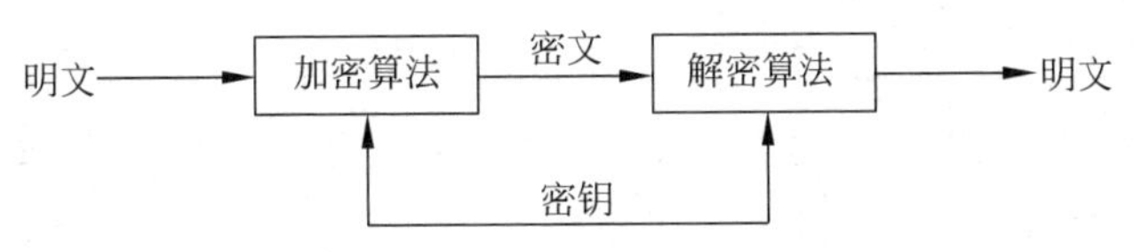

图2-4 对称密码加密和解密基本流程

针对不同的应用场景和数据格式，对称密码主要有两种形式：一是流密码（也称序列密码）；二是分组密码。目前常用的流密码算法有我国发布的商用密码算法中的ZUC算法以及RC4、SNOW等算法。常用的分组密码算法有我国发布的商用密码算法中的SM4算法以及国际标准DES、3DES和AES算法。

1. 流密码算法

流密码算法的思想来源于Vernam密码。Vernam密码又称为一次一密，它的思想是给定明文消息，产生跟明文消息一样长的密钥，将每一位明文与对应位的密钥相加得到密文。一次一密在理论上被证明为完善保密的加密算法，但由于密钥共享的代价较高导致其实用性不高。

流密码的基本思想是利用一个较短的密钥k（又称为种子密钥）来产生足够长的密钥流$k_1k_2\cdots k_n\cdots$，然后将每一位明文与对应位的密钥相加得到密文。其设计的关键在于密钥流生成器的构造。流密码的加密和解密流程如图2-5所示。

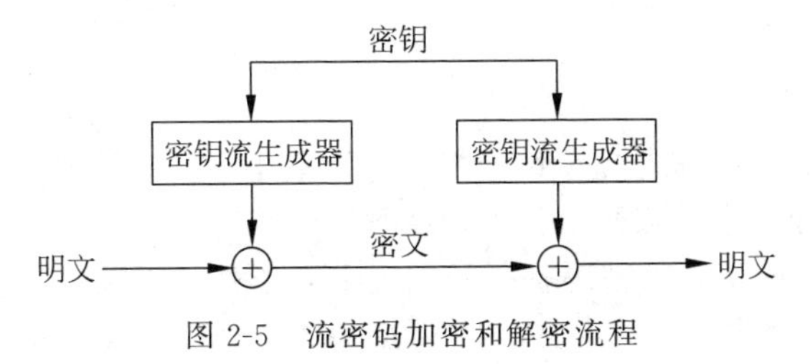

图2-5 流密码加密和解密流程

祖冲之算法(ZUC 算法)[4]是由我国发布的商用密码算法中的流密码算法,其命名源于我国古代数学家祖冲之的拼音首字母。ZUC 算法最初是面向 4G LTE 空口加密设计的流密码算法,以其为核心的加密算法 128 EEA3 和完整性保护算法 128 EIA3 在 2011 年 9 月与 AES、SNOW 共同被 3GPP LTE 采纳为国际加密标准(3GPP TS 33.401),用于 4G 移动通信当中。2012 年 3 月,ZUC 算法被发布为国家密码行业标准 GM/T 0001—2012,2016 年 10 月,被发布为国家标准 GB/T 33133.1—2016。

ZUC 算法是一个基于 32 比特字设计的同步流密码算法,其种子密钥 k 和初始向量 IV 的长度均为 128 比特,在 k 和 IV 的控制下,每拍输出一个 32 比特字作为密钥,由此产生密钥流。其加密解密均为 32 比特字的异或运算。ZUC 算法从逻辑上分为上中下三层。上层是 16 级线性反馈移位寄存器(linear feedback shift register,LFSR),中层是比特重组(bit recombination,BR),下层是非线性函数 F。如图 2-6 所示。

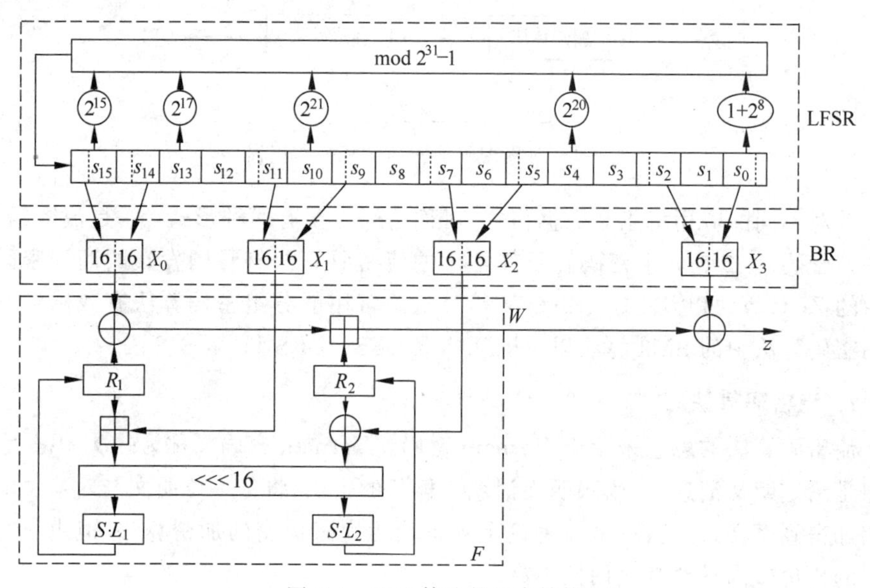

图 2-6　ZUC 算法的基本结构

ZUC 算法采用过滤生成器结构设计,在线性驱动部分首次采用素域上的 m 序列作为源序列,具有周期大、随机统计特性好的特点,现有分析结果表明其具有非常高的安全性。

2. 分组密码算法

分组密码将消息序列进行等长分组(如每组消息的长度为 n 比特),然后用同一个密钥对每个分组进行加密。记 V_n 为所有 n 比特向量组成的集合,m 为明文,c 为密文。一个 n 比特分组密码是一种满足下列条件的函数:

$$E: V_n \times K \to V_n$$

对于每个密钥 $k \in K$，$E(m,k)$ 是一个从 V_n 到 V_n 的一个可逆映射，记为 $E_k(m)$，称为加密算法。它的逆映射称为解密算法，记为 $D_k(c)$。

作为一种基本的组成模块，分组密码算法的通用性使得它们可以用来构造伪随机数生成器、流密码、MAC 和杂凑函数。更进一步，它们还可以作为核心组成部分用于消息认证技术、数据完整性机制、实体认证协议和数字签名当中。

分组密码的一般设计原则是 Shannon 在 1949 年提出的混淆原则和扩散原则，其目的是为了抵抗敌手对密码体制的统计分析。所谓混淆原则是指人们所设计的密码应当使得密钥和明文以及密文之间的依赖关系相当的复杂，以至于这种依赖性对于密码分析者来说是无法利用的。所谓扩散原则是指人们所设计的密码应当使得密钥的每一位影响密文的许多位以防止对密钥进行逐段破译，而且明文的每一位也应影响密文的许多位以便隐藏明文的统计特性。当然分组密码的设计也应当考虑密码体制易于使用软件和硬件实现。

SM4 分组密码算法[5]是国家密码管理局于 2006 年 1 月 6 日公布的无线局域网产品使用的密码算法，是国内官方公布的第一个商用密码算法。2012 年 3 月发布成为国家密码行业标准(标准号为 GM/T 0002—2012)，2016 年 8 月发布成为国家标准(标准号为 GB/T 32907—2016)。

SM4 算法的分组长度和密钥长度均为 128 比特。加密算法与密钥扩展算法都采用 32 轮非线性迭代结构，如图 2-7 所示。它的解密算法与加密算法的结构相同，只是轮密钥的使用顺序相反，解密轮密钥是加密轮密钥的逆序。

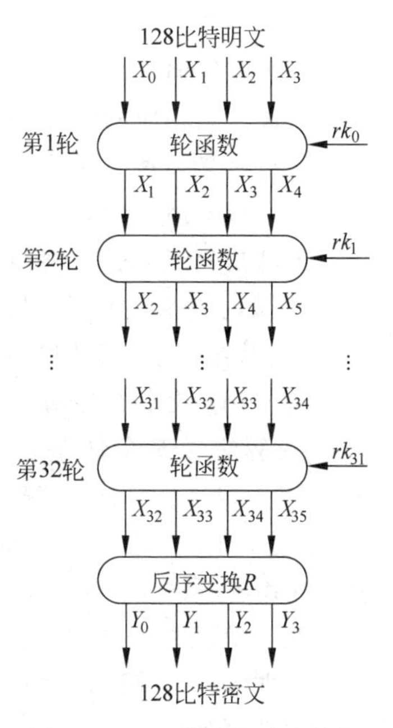

图 2-7 SM4 算法的基本结构

从传统的分析方法来看，SM4 算法具有较强的安全冗余度。尤其对比 MISTY1，AES 等已有全轮攻击方案的分组密码算法，SM4 算法具备一定的安全性优势。安全性上，SM4 与 AES-128 是相当的。在实现效率上，由于 SM4 的密钥扩展算法和加密算法基本相同，因此比 AES 算法实现更为简单。

2.2.2 公钥加密体制

公钥加密体制概念是为了解决传统密码系统中最困难的两个问题而提出的，这两个问题是密钥分配和数字签名。公钥加密算法的加密和解密使用不同的密钥，其中加密密钥可以公开，称为公钥(public key，PK)，解密密钥需要保密，称为私钥(secret key，SK)。发送者 A 要与接收者 B 建立保密通信首先要获得 B 的公

钥 PK_B,然后用公钥加密消息后将密文传输给 B。B 收到密文后,用相应的私钥 SK_B 进行解密。如图 2-8 所示。

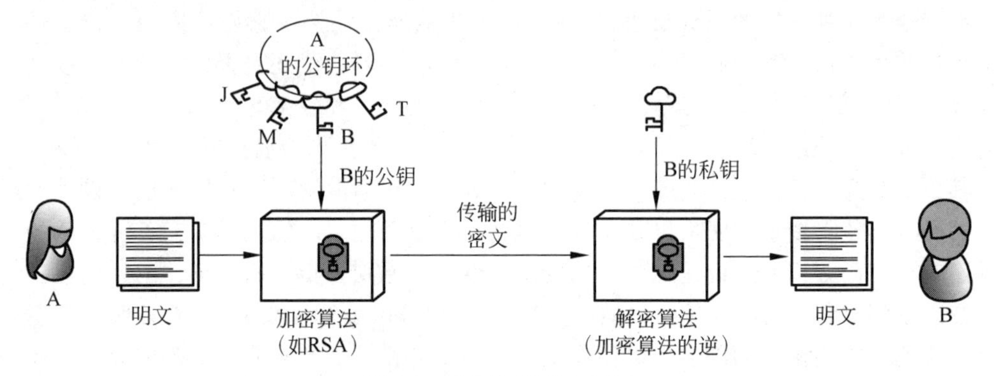

图 2-8　公钥加密基本模型

出于安全性和实用性考虑,公钥加密体制需要满足以下要求。

(1) 接收者 B 产生一对密钥(PK_B,SK_B)在计算上是容易的。

(2) A 产生相应的密文 $c=E(PK_B,m)$在计算上是容易的。

(3) 对密文解密以恢复出明文 $m=D(SK_B,c)$在计算上是容易的。

(4) 已知公钥 PK_B,敌手要求解私钥 SK_B 在计算上是不可行的。

(5) 已知公钥 PK_B 和密文 c,敌手要恢复出明文 m 在计算上是不可行的。

为了满足上述要求,公钥密码算法的安全性一般建立在公认的计算困难问题之上,如大整数因子分解困难问题、求解离散对数困难问题等。

目前常用的公钥加密算法有 RSA 算法和 SM2 算法。

RSA 算法的安全性基于大整数因子分解困难问题,是 1978 年由 Rivest,Shamir 和 Adleman 构造的第一个公钥密码算法,也是使用最广泛的一类公钥密码算法,但是由于计算能力不断提升,为了确保 RSA 算法的安全性,目前推荐在 RSA 算法中使用的参数至少为 2048 比特,这对于 RSA 算法的运行效率有一定的影响。

SM2 公钥加密算法

SM2[6]算法是中国国家密码管理局颁布的中国商用公钥密码标准算法,它是一组椭圆曲线密码算法,其中包含加解密算法、数字签名算法。2010 年 12 月,SM2 算法首次公开发布。2012 年 3 月,成为中国商用密码标准(GM/T 0003—2012);2016 年 8 月,成为中国国家密码标准(GB/T 32918—2016)。

SM2 算法的安全性基于椭圆曲线上求解离散对数问题的困难性。在同等安全强度下,SM2 算法的密钥规模和系统参数比 RSA 算法小很多,这意味着 SM2 算法所需的存储空间要小得多,传输所用带宽要求更低,硬件实现所需逻辑电路的逻辑门也比 RSA 算法少得多,功耗更低。这使得 SM2 算法比 RSA 算法更适合用于资源受限的设备中。

由于公钥密码运算操作(如模幂、椭圆曲线点的加法等)计算复杂度较高,公钥加密算法的速度一般比对称加密算法慢很多,因此公钥加密算法主要用于短消息的加密，如建立密钥共享。在实际应用当中，经常使用混合加密的方式进行保密通信，即首先采用公钥加密的方法共享密钥，然后采用对称密钥加密算法使用共享的密钥对要传输的消息进行加密。如图 2-9 所示。

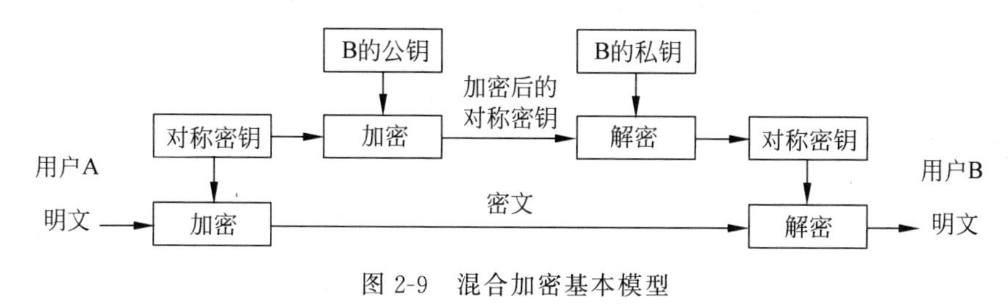

图 2-9　混合加密基本模型

2.3　数字签名体制

政治、军事、外交、商业以及日常事务中经常遇到需要签名的场合。传统的方式是采用手写签名或印章，以便在法律上能认证、核准、生效。在电子世界里，人们希望通过某种方法来代替手写签名，以实现对数字信息的签名。

数字签名算法主要用于确认数据的完整性、签名者身份的真实性以及行为的不可否认性等。

数字签名应具有以下特性。

(1) 不可伪造性。除了签名者外，任何人都不能伪造签名者的合法签名。

(2) 认证性。接收者相信这份签名来自签名者。

(3) 不可重复使用性。一个消息的签名不能用于其他消息。

(4) 不可修改性。一个消息在签名后不能被修改。

(5) 不可否认性。签名者事后不能否认自己的签名。

一个数字签名体制(也称数字签名方案)一般有两个组成部分，即签名算法(signature algorithm)和验证算法(verification algorithm)。签名算法的输入是签名者的私钥 SK 和消息 m，输出是对 m 的数字签名，记为 $s=\mathrm{sig}(\mathrm{SK},m)$。验证算法输入的是签名者的公钥 PK、消息 m 和签名 s，输出是真或伪，记为：

$$\mathrm{Ver}(\mathrm{PK},m,s)=\begin{cases}\text{真} & \text{当 } s=\mathrm{sig}(\mathrm{SK},m)\\ \text{伪}, & \text{当 } s\neq\mathrm{sig}(\mathrm{SK},m)\end{cases}$$

算法的安全性在于从 m 和 s 难以推出密钥 k 或伪造一个消息 m' 的签名 s' 使得 (m',s') 可被验证为真。为了提升效率和安全性，数字签名算法中一般先使用密码杂凑函数对要签名的消息进行消息摘要计算，再对所得到的消息摘要进行数字签名，如图 2-10 所示。

常用的数字签名算法有 RSA 算法、DSS(数字签名标准)、ECDSA(椭圆曲线数字签名算法)和 SM2 算法。

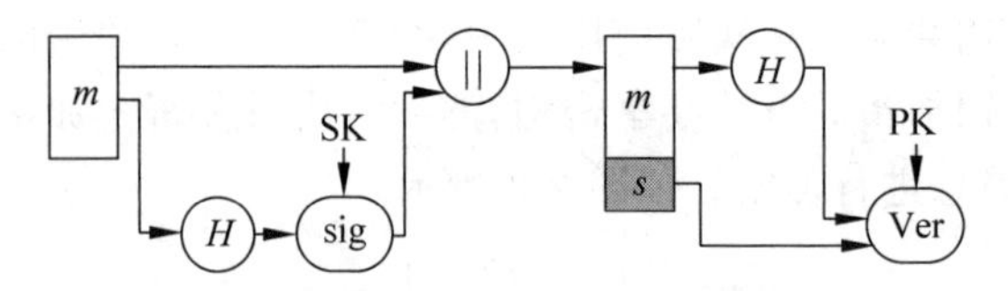

图 2-10　数字签名基本模型

国家标准 GB/T 32918.2—2016 中的第 2 部分给出了 SM2 数字签名算法的详细描述。与 SM2 加密体制一样，其安全性也是基于椭圆曲线上的离散对数困难问题。2017 年 11 月 3 日，在第 55 次 ISO/IEC 联合技术委员会信息安全技术分委员会(SC27)德国柏林会议上，含有我国 SM2 与 SM9 数字签名算法的 ISO/IEC 14888—3/AMD1《带附录的数字签名第 3 部分：基于离散对数的机制-补篇 1》获得一致通过，成为 ISO/IEC 国际标准。

与 RSA 算法相比，SM2 算法具有以下优势[6]。

(1) 安全性高。256 比特的 SM2 算法安全性强度已超过 RSA-2048，与 RSA-3072 相当。

(2) 密钥短。SM2 使用的私钥长度为 256 比特，而 RSA 算法的私钥至少 2048 比特。

(3) 签名速度快。同等安全强度下，SM2 算法私钥签名的速度远超 RSA 算法。

2.4　杂凑函数与消息认证码

杂凑函数(hash function)是一公开函数，用于将任意长的消息 m 映射为较短的、固定长度的一个值 $H(m)$，又称为散列函数、哈希函数。我们称函数值 $H(m)$ 为哈希值、杂凑值、杂凑码或消息摘要。杂凑函数通常用于数据完整性保护和消息认证。杂凑值是消息中所有比特的函数，因此提供了一种错误检测能力，即改变消息中任何一个比特或几个比特都会使杂凑值发生改变。

2.4.1　杂凑函数的基本概念

杂凑函数的目的是为需要认证的消息产生一个“数字指纹”。为了能够实现对消息的认证，它必须具备以下性质。

(1) 函数的输入可以是任意长；函数的输出是固定长。

(2) 对任意给定的 x，计算 $H(x)$ 比较容易。

(3) 单向性(one-way)。对任意给定的杂凑值 z，找到满足 $H(x)=z$ 的 x 在计算上是不可行的。

(4) 抗弱碰撞性(weak collision resistance)。已知 x，找到 $y(y\neq x)$ 满足 $H(y)=H(x)$ 在计算上是不可行的。

(5) 抗强碰撞性(strong collision resistance)。找到任意两个不同的输入 x，y，使 $H(y)=H(x)$ 在计算上是不可行的。

碰撞性是指对于两个不同的消息 x 和 y，如果它们的杂凑值相同，则发生了碰撞。实际上，可能的消息是无限的，可能的杂凑值是有限的，如 SHA-1 可能的杂凑值为 2^{160} 个。也就是说，不同的消息会产生相同的杂凑值，即碰撞是存在的，但从安全性需求上要求难以找到一个碰撞。

迭代型杂凑函数的一般结构如图 2-11 所示。其中函数的输入 m 被分为 l 个分组 $m_0, m_1, \cdots, m_{l-1}$，每个分组的长度为 b 比特。如果最后一个分组的长度不够的话，需对其进行填充，最后一个分组还包括消息 m 的长度值。

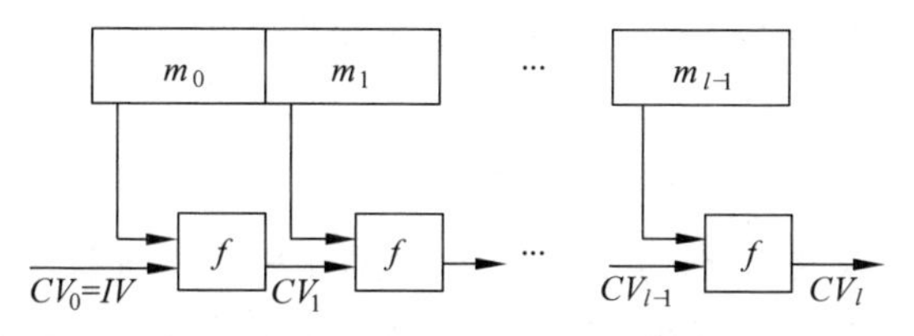

图 2-11 迭代型杂凑函数的一般结构

算法中重复使用一个压缩函数 f，它的输入有两项，一项是上一轮（第 $i-1$ 轮）输出的 n 比特值 CV_{i-1}，称为链接变量(chaining variable)，另一项是算法在本轮（第 i 轮）要输入的 b 比特分组。f 的输出为 n 比特值 CV_i，CV_i 又作为下一轮的输入。算法开始时还需要对链接变量指定一个 n 比特长的初始值 IV，最后一轮输出的链接变量 CV_l 就是最终产生的杂凑值。通常有 $b>n$，故称 f 为压缩函数。整个杂凑函数的逻辑关系可表示为：

$$CV_0 = IV$$
$$CV_i = f(CV_{i-1}, m_{i-1}) \quad 1 \leqslant i \leqslant l$$
$$h(m) = CV_l$$

2.4.2 常用杂凑函数

常用的杂凑函数有 SHA 系列以及 SM3[7]。

1. SHA 系列杂凑函数

SHA 系列标准哈希函数是由美国标准与技术研究所(National Institute of Standards and Technology, NIST)组织制定的。1993 年公布了 SHA-0(FIPS PUB 180)后发现不安全，1995 年又公布了 SHA-1(FIPS PUB 180-1)，2002 年公布了 FIPS PUB 180-2，增加了 3 种算法：SHA-256，SHA-384，SHA-512。2005 年王小云教授给出一种攻击 SHA-1 的方法，用 2^{69} 次操作找到一个强碰撞，以前认为是 2^{80}。2017 年 2 月 23 日，谷歌宣布找到 SHA-1 碰撞的算法，需要耗费 110 块 GPU 一年的运算量。

SHA-1 算法的输入为小于 2^{64} 比特长的任意消息，分为 512 比特长的分组。算法的输出是 160 比特长的消息摘要。

NIST 2007 年公开征集 SHA-3 算法，并于 2012 年 10 月公布了的最终入选算法。它就是由意法半导体公司的 Guido Bertoai Bertoai、Jean Daemen Daemen、Gilles Van Assche Assche 与恩智半导体公司的 Micha Michaëel Peeters 联合设计的 Keccak 算法。SHA-3 成为 NIST 的新哈希函数标准算法(FIPS PUB 180-5)。

SHA-3 的结构仍属于 Merkle 提出的一般结构。最大的创新点是采用了一种被称为海绵结构(海绵函数)的新的迭代结构。在海绵函数中，输入数据被分为固定长度的数据分组。每个分组逐次作为迭代的输入，同时上轮迭代的输出也反馈至下轮的迭代中，最终产生杂凑值。海绵函数允许输入长度和输出长度都可变，具有灵活性。

SM3 杂凑函数

2. SM3

SM3 是中国国家密码管理局颁布的中国商用密码标准算法，它是一类密码杂凑函数，可用于数字签名及验证、消息认证码生成及验证、随机数生成。2012 年 3 月，成为中国商用密码标准(GM/T 0004—2012)。2016 年 8 月，成为中国国家密码标准(GB/T 32905—2016)。2018 年 10 月，算法正式成为国际标准。

SM3 算法的输入数据长度为 l 比特，$l<2^{64}$，输出杂凑值长度为 256 比特。SM3 算法在结构上与 SHA-256 类似，消息填充方法、消息分组大小、迭代轮数、输出长度均与 SHA-256 相同。

2.4.3 消息认证码

消息认证码(message authentication code，MAC)是指消息被一密钥控制的公开函数作用后产生的用作认证符的固定长度的数值，或称为密码校验和。此时需要通信双方 A 和 B 共享一密钥 k。设 A 欲发送给 B 的消息是 m，首先计算 $\text{MAC}=C_k(m)$，其中 $C_k()$是密钥控制的公开函数，然后向 B 发送 $m \| \text{MAC}$，B 收到后与 A 做同样计算得出一个新的 MAC，并与收到的 MAC 作比较，如图 2-12 所示。

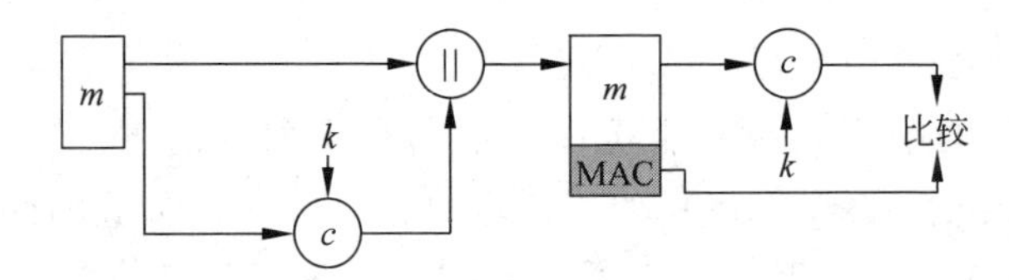

图 2-12　MAC 的基本使用方式

如果仅收发双方知道 k，且 B 计算得到的 MAC 与接收到的 MAC 一致，那么就实现了以下功能。

(1) 接收方相信发送方发来的消息未被篡改。

(2) 接收方相信发送方不是冒充的。

MAC 与加密算法类似,不同之处为 MAC 不必是可逆的,因此与加密算法相比更不易被攻破。

MAC 的一种常用设计方法是采用分组密码的 CBC 模式来构造。近年来研究构造 MAC 的兴趣已转移到基于密码杂凑函数的构造方法,这是因为

(1) 杂凑函数(如 MD5,SHA-1)软件实现快于分组密码的软件实现。

(2) 杂凑函数的库代码来源广泛。

(3) 杂凑函数没有出口限制,而分组密码即使用于 MAC 也有出口限制。

杂凑函数并不是为用于 MAC 而设计的,由于杂凑函数不使用密钥,因此不能直接用于 MAC。目前已提出了很多将杂凑函数用于构造 MAC 的方法,其中 HMAC 就是其中之一,已作为 RFC2104 被公布,并在 IPSec 和其他网络协议(如 SSL)中得以应用。

RFC2104 列举了 HMAC 的以下设计目标。

(1) 可不经修改而使用现有的杂凑函数,特别是那些易于软件实现的、源代码可方便获取且免费使用的杂凑函数。

(2) 其中镶嵌的杂凑函数可易于替换为更快或更安全的杂凑函数。

(3) 保持镶嵌的杂凑函数的最初性能,不因用于 HMAC 而使其性能降低。

(4) 以简单方式使用和处理密钥。

(5) 在对镶嵌的杂凑函数合理假设的基础上,易于分析 HMAC 用于认证时的密码强度。

2.4.4 杂凑函数的应用

杂凑函数在下面三个方面具有重要的应用。

1. 数字签名

杂凑函数可以将任意长度的消息压缩成某一固定长度的消息摘要。消息摘要通常要比消息本身小得多,因此对消息摘要进行签名要比对消息本身直接签名高效得多,所以数字签名通常都是对消息摘要进行处理。

2. 生成程序或文档的"数字指纹"

对程序或文档进行杂凑运算可以生成一个"数字指纹"。将该"数字指纹"与存放在安全地方的原有"指纹"进行比对就可以发现病毒或入侵者是否对程序或文档进行了修改。即将使用杂凑函数生成的杂凑值与保存的数据进行比较。如果相等,说明数据是完整的,否则,说明数据已经被篡改了。

3. 安全存储口令

在系统中保存用户的 ID 和口令的杂凑值,而不是口令本身,将大大提高系统的安全性。当用户进入系统时要求输入口令,系统重新计算口令的杂凑值并与系

统中保存的数据相比较。如果相等,说明用户的口令是正确的,允许用户进入系统,否则系统将拒绝用户登录。

2.5 公钥基础设施

公钥加密体制和数字签名体制能够正确使用,其前提是发送方或验证方要获得接收方或签名方真实的公钥。公钥基础设施(public key infrastructure,PKI)就是基于公开密钥体制理论和技术建立起来的安全体系,是提供信息安全服务的具有普适性的安全基础设施,其核心是解决网络空间中的信任问题,确定网络空间各行为主体身份的唯一性、真实性。PKI 技术采用证书管理公钥,通过第三方的可信任证书授权中心(certificate authority,CA),把用户的公钥和用户的其他标识信息(如名称、e-mail、身份证号等)捆绑在一起。

X. 509 是由国际电信联盟(internation telecommunication union,ITU-T)制定的数字证书标准。在 X. 500 确保用户名称惟一性的基础上,X. 509 为 X. 500 用户名称提供了通信实体的鉴别机制,并规定了实体鉴别过程中广泛适用的证书语法和数据接口。PKIX 系列标准(public key infrastructure on X. 509,PKIX)是由因特网网络工程技术小组(internet engineering task force,IETF)的 PKI 工作小组制定,PKIX 的标准化是建立互操作性的基础。标准主要定义基于 X. 509 的 PKI 框架模型,并以 RFC 形式发布。我国制定的 GM/T 0034—2014《基于 SM2 密码算法的证书认证系统密码及其相关安全技术规范》等系列标准对我国公众服务的数字证书认证系统的设计、建设、检测、运行及管理进行了规范。

2.5.1 公钥基础设施的基本结构

PKI 公钥基础设施体系[8]主要由证书授权中心(certificate authority,CA)、证书注册机构(registration authority,RA)、密钥管理系统(key management system,KM)、CRL Issuer、资料库和 OCSP 服务器等这几部分组成,其结构如下图 2-13 所示。

(1) CA。CA 是 PKI 公钥基础设施的核心,具有自己的公私钥对,负责生成/签发证书、生成/签发证书吊销列表(cetificate revocation list,CRL)、发布证书和 CRL 到目录服务器、维护证书数据库和审计日志库等功能。对于一个大型的分布式企业应用系统,需要根据应用系统的分布情况和组织结构设立多级 CA。

(2) RA。RA 为 CA 和证书申请者的交互接口,负责各种信息的检查、审核和管理工作。对申请者的资料审核通过后,将信息提交给 CA,要求 CA 签发证书。

(3) KM。负责为 CA 系统提供密钥的生成、保存、备份、更新、恢复、查询等密

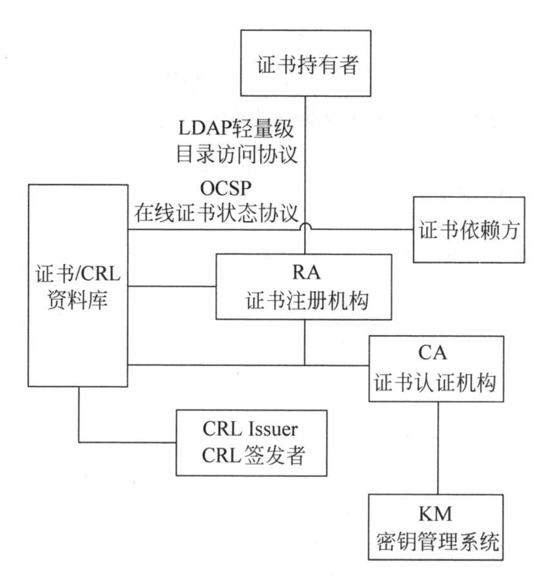

图 2-13 PKI 系统基本结构

钥服务。一般来说，每一个 CA 中心都需要有一个 KM 负责该 CA 区域内的密钥管理任务。KM 可以根据应用所需 PKI 规模的大小灵活设置，既可以建立单独的 KM，也可以采用镶嵌式 KM，让 KM 模块直接运行在 CA 服务器上。

（4）资料库（Repository）。资料库用于发布 CA 系统的各种公开信息，如证书、证书吊销列表（CRL）、CP、CPS、在线证书状态协议（online certificate status protocol，OCSP）、通知公告等。为了尽可能地提供方便，资料库还需要提供尽可能多的协议接口。当用户数量巨大时，资料库需要分布式的设计。

（5）CRL 签发者（CRL Issuer）。在证书的有效期内发生问题，如：用户身份变化、密钥泄露等，需要进行证书撤销，并签发证书撤销列表（CRL）来发布。CRL Issuer 来负责接收和处理 RA 发送来的撤销信息，定期签发 CRL。引入了 CRL Issuer，可以更加频繁的签发 CRL，可以缩短撤销信息的延迟。

（6）在线证书状态协议（online certificate status protocol，OCSP）。因为 CRL 信息的延迟性，提出了 OCSP，一种通信协议，专门用于检查证书是否已经被撤销。当 PKI 用户向 OCSP 服务器发出查询某一证书状态请求时，OCSP 服务器给予响应：未撤销、已经撤销、未知。OCSP 的信息可能直接来自 CA 的内部数据库，也可能来自最新的 CRL。

（7）轻量级目录访问协议（lightweight directory access protocol，LDAP）。一种开放的应用协议，提供访问控制和维护分布式信息的目录信息。CA 把新签发的证书和证书撤销链送到 LDAP 目录服务器，供用户查询、下载。

（8）证书持有者（certificate holder）。证书持有者拥有自己的证书和与证书中公钥相匹配的私钥。证书持有者的身份信息和对应的公钥会出现在证书中，也称为用户。

(9) 依赖方(relying party)。一般将 PKI 应用过程中使用其他人的证书来实现安全功能的通信实体称为依赖方或证书依赖方。

2.5.2 数字证书结构

数字证书也称为公钥证书,在证书中包含公钥持有者信息、公钥、有效期、扩展信息以及 CA 对这些信息进行的数字签名。PKI 通过数字证书解决密钥归属问题。我国数字证书结构和格式遵循 GM/T 0015—2012《基于 SM2 密码算法的数字证书格式规范》标准。

证书的数据结构由基本证书域、签名算法域和签名值域三个域构成,如图 2-14 所示。

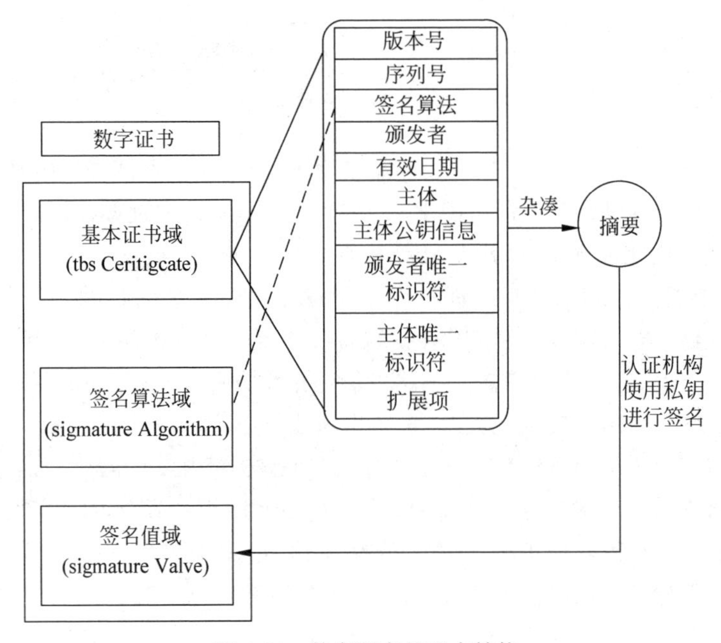

图 2-14 数字证书的基本结构

(1) 基本证书域包含了版本号、序列号、签名算法、颁发者名称及标识符、证书的有效期、证书主体名称及标识符、主体的公钥以及证书扩展项等。

(2) 签名算法域包含了 CA 签发该证书所使用的的签名算法的标识符。注意这里的标识符必须与基本证书域中签名算法项的标识符一致。

(3) 签名值域包含了 CA 对基本证书域进行数字签名的结果。

我国制定的 GM/T 0014—2012《数字证书认证系统密码协议规范》标准中给出了用户申请证书的协议流程,如图 2-15 所示。

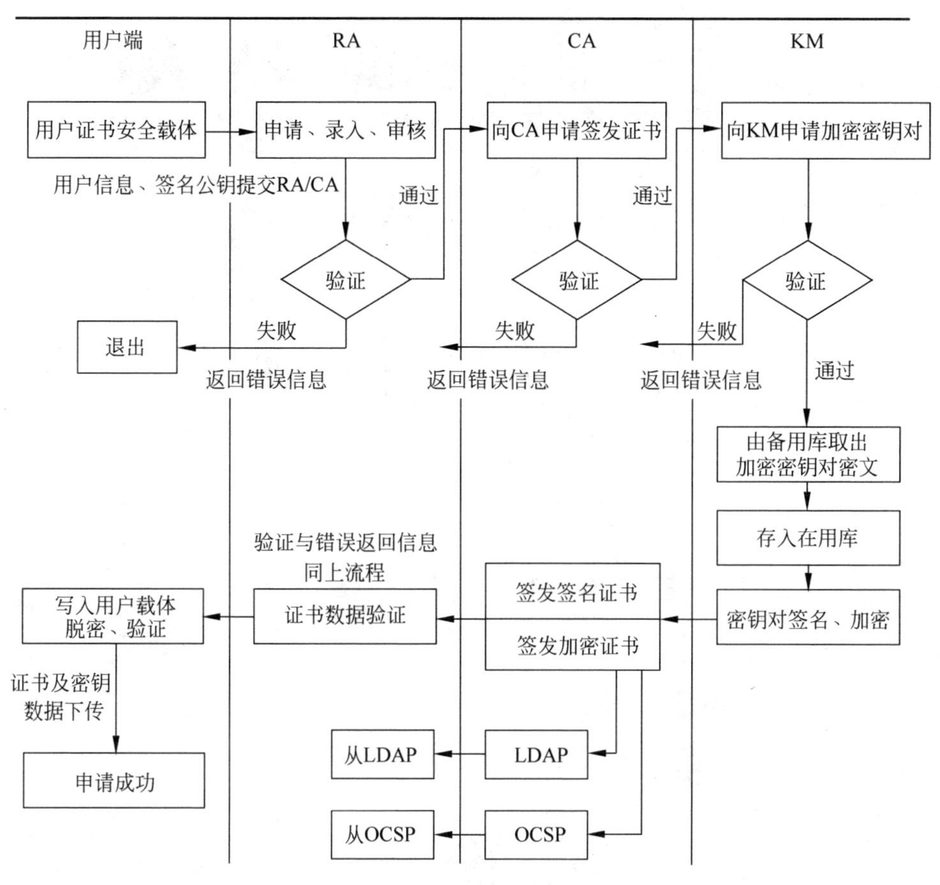

图 2-15　用户证书申请、签发协议流程

2.6　数控系统中的密码技术应用

在数控系统中集成密码安全防护[9]是一种内生密码应用方案，需要在数控系统设计阶段，同步设计由密码安全应用服务器、多种密码产品构成的密码安全子系统及其安全功能流程。数控系统密码应用技术方案的整体框架如图 2-16 所示。

遵循统一的密码设备管理、统一的密码服务接口、统一的密钥管理规范、统一的密钥全生命周期管理的原则，数控系统集成密码安全防护的总体方案确立数控系统的被加密对象为数控文件、系统及设备属性信息、系统及设备状态信息三大类，分别从人机交互、数据存储、信息传输等操作层面完成数控系统的身份认证，用户权限、信息加解密等密码应用。总体的安全防护网络如图 2-17 所示。

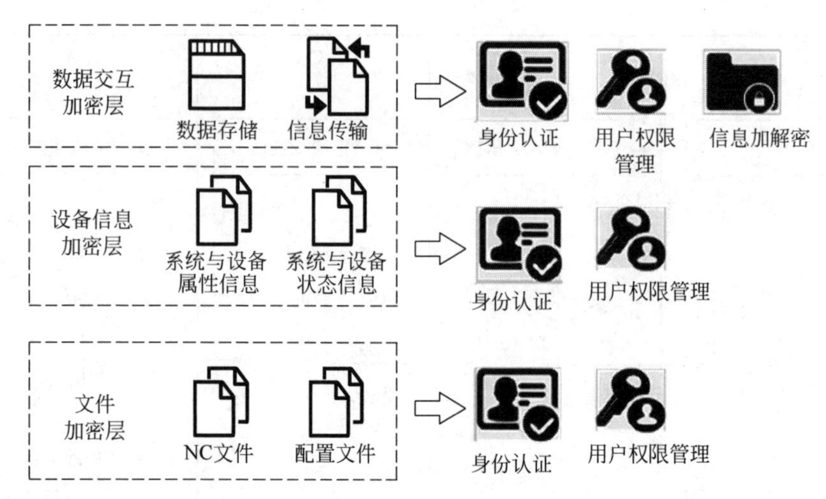

图 2-16　数控系统密码应用技术方案整体框架

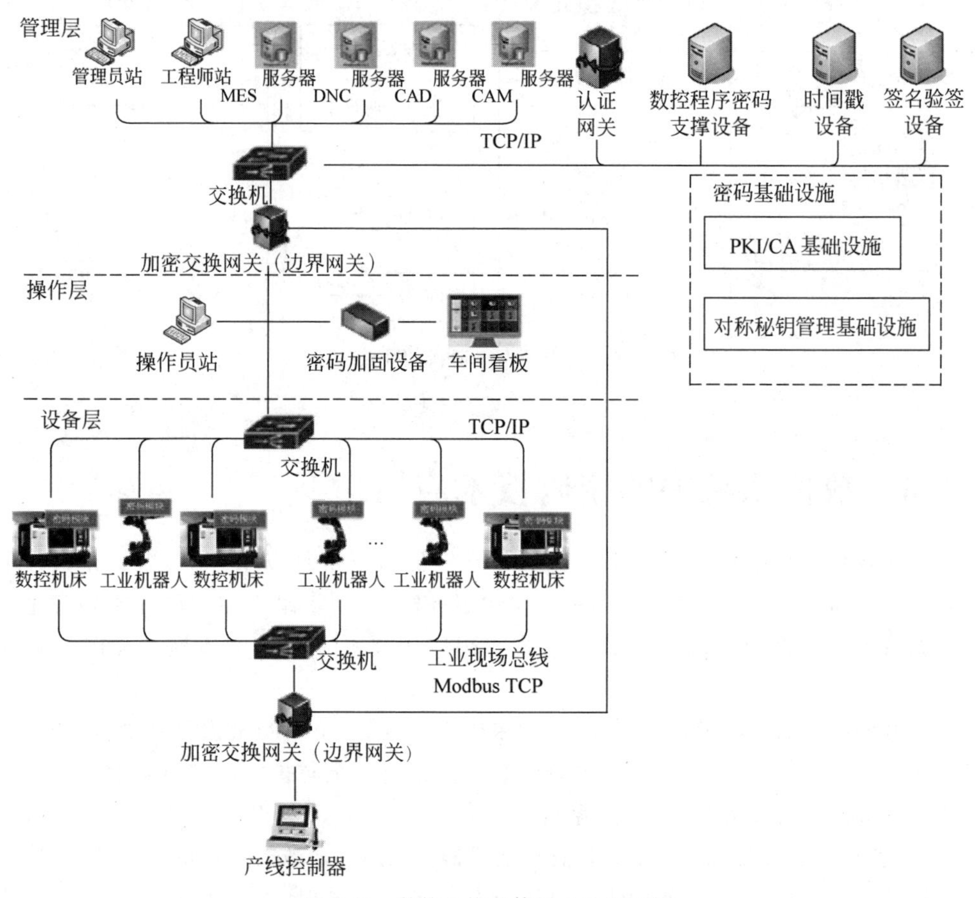

图 2-17　数控系统总体安全防护网络

习题

1. 简述密码算法的5要素。

2. 什么是对称密码体制和非对称密码体制？各有何优缺点？

3. 分组密码的一般设计原则是什么？

4. 设计一个系统登录身份认证方案，可以考虑使用公钥加密、数字签名和杂凑函数。

5. 杂凑函数设计的基本要求是什么？

6. 从对称密码体制的弱点出发分析为什么需要公钥基础设施。

7. 数字签名算法中一般先使用密码杂凑函数对要签名的消息进行杂凑运算，再对所得到的消息摘要进行数字签名。试分析其理由。

参考文献

[1] MENEZES A J, VAN OORSCHOT P C, VANSTONE S A. Handbook of applied cryptography [M]. CRC press, 2018.

[2] 霍炜，郭启全，马原. 商用密码应用与安全性评估[M]. 北京：电子工业出版社，2020.

[3] DIFFIE W, HELLMAN M. New directions in cryptography [J], IEEE transactions on Information Theory, 1976, (22)6: 644-654.

[4] 冯秀涛. 祖冲之序列密码算法[J]. 信息安全研究，2016(11): 1028-1041.

[5] 吕述望，苏波展，王鹏，等. SM4分组密码算法综述[J]. 信息安全研究，2016(11): 995-1007.

[6] 汪朝晖，张振峰. SM2椭圆曲线公钥密码算法综述[J]. 信息安全研究，2016(11): 972-982.

[7] 王小云，于红波. SM3密码杂凑算法[J]. 信息安全研究，2016(11): 983-994.

[8] 荆继武，林锵，冯登国. PKI技术[M]. 北京：科学出版社，2008.

[9] 何英武，梅江平，黄绍生，等. 基于密码技术的数控系统和工业机器人控制系统安全解决方案[J]. 机电产品开发与创新，2020, 33(4): 61-63.

第3章

云计算安全

3.1 云计算安全概述

近年来，计算机网络技术的不断普及，使人们的生产生活更多地依赖于各类计算机系统，人类社会迅速进入信息化时代。由于传统的计算机硬件系统投资和运维成本都较高，云计算应运而生。云计算是科学技术发展的产物，是一种全新的数据处理平台，深受各行各业的青睐，既可以为广大用户提供更加快速、便捷的数据处理及咨询服务，也可以跟着互联网技术的革新而不断更新换代。云计算全面普及，边界安全的定义被模糊化，在云计算的建设以及使用过程中，每个环节都可能存在安全风险，诸如云计算平台安全、管理平台的安全等，如图 3-1 所示。

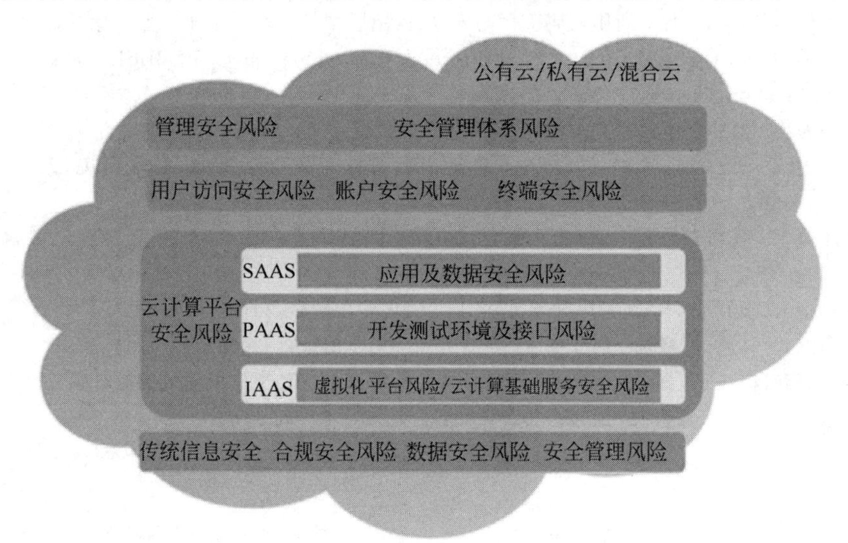

图 3-1　云计算的安全风险

云计算攻击呈上升趋势。据国家计算机网络应急技术处理协调中心（network emergency response technical team，CNCERT）发布的监测数据，2019 年在我国云平台上发生的网络安全事件或威胁情况相比于 2018 年进一步加剧[1]，主流云平台上发生的各类网络安全事件数量占比仍然较高。如云平台遭受分布式拒绝服务

(distributed denial of service,DDoS)攻击的数量占境内目标被攻击数的74%,被植入后门链接数占境内全部被植入后门链接数的86.3%等。而公有云用户遭遇最多的五大风险依次为:DDoS;身份登录信息和访问管理不到位;系统安全漏洞;滥用和违法使用云服务;数据丢失。为消除这些风险,需要构建完善的云计算安全体系。

云计算的安全问题与云平台的构架息息相关,因此掌握云平台的服务模式对于分析云计算安全问题至关重要。从当前的云平台实现技术来看[2],最常见的有三种服务模式,分别是基础设施即服务(infrastructure as a serive,IaaS)、平台即服务(platform as a service,PaaS)、软件即服务(software as a serive,SaaS)。IaaS模式通过提供物理计算机资源或虚拟化资源使用户无需了解硬件基础设施的结构和逻辑,直接通过网络获取所需的在线服务即可,供应商可以根据用户需求动态地为用户分配相应的资源。PaaS模式下,云供应商为用户提供了一套某领域的开发环境,使用户可以在没有本地资源的情况下根据自身需求开发应用系统。SaaS模式则直接为用户提供应用软件服务,用户通过互联网访问云端即可使用特定的软件完成计算任务,而无须对这些软件进行维护管理。

尽管云平台有着几种不同的服务模式,但最为基础的是IaaS,因为它为用户提供了基础设施服务,将服务内容延伸至云平台的底层,所以云计算安全的设计应以IaaS为重要切入点和最终的落脚点[3]。目前绝大部分云服务供应商向市场提供的都是公有云,公有云是指对外提供服务,但绝不是对外公开数据。相反,它恰恰要求在最大限度地保障云平台的私密性的前提下提供服务开放。不同的用户之间需要使用的是同一个云平台,但由于用户的访问权限不同,他们所能看到的数据是不一样的。私有云只有少数对数据保密性要求非常严格的用户才会选择使用。显然,云计算的服务模式和部署模式都是多样化的,使用户可以灵活地选择所需服务,但也正是这种开放性和灵活性,使云计算面临着巨大的安全问题,如在公私混合的云计算服务中,公有云和私有云之间必须建立一个条件数据共享的内部通道,而这条内部通道通常很容易成为黑客入侵云平台的大门。

3.1.1 云计算面临的安全威胁

随着现代信息技术的飞速发展,云计算服务为人们提供了巨大的便利。云计算是一种基于互联网的相关服务的计算方式,通过这种计算方法,许多数据处理可以放在云端进行。在云计算环境下,用户能够体验到十万亿次每秒的运算能力。此外,云计算服务还能为用户提供高效、低价的存储,使得个人和企业用户能以较低的成本享受到高效、快捷的云存储和云计算服务。云计算带来全新的用户体验的同时也带来了一系列的安全问题,如主要用于计算及存储的基础设施的安全、虚拟化平台的安全、用于传输数据的网络安全以及数据安全等[4]。

1. 虚拟化的安全风险

云计算核心的技术就是虚拟化技术，这也是云计算的关键技术之一。在实际运用中，虚拟化技术对于云计算服务带来一定新的安全风险。在云计算服务环境下，多台不同的服务器连接在一起，组成了一个大型的服务器集群，然后通过虚拟化技术，将多种不同的信息资源放在同一资源池中，以供各种应用按需进行调配存储及运算资源。在这样的模式下，传统的信息安全设备无法深入到虚拟化平台的内部进行安全防护，导致该大型服务器集群无法有效抵挡恶意代码的攻击，同时也无法实现对流量进行监控以及对协议进行审计等网络安全行为。而且，为了满足虚拟化环境下动态负载的要求，虚拟机还会不定时进行动态的漂移，这就使得虚拟主机真实的位置不断发生变化，这样的情形导致边界的安全策略也必须随着虚拟主机的转移而转移。一旦边界的安全策略及安全防护措施不能与虚拟主机一起进行漂移，就会导致对应的边界安全策略及防护措施无法产生效益，从而导致虚拟服务器出现巨大的安全漏洞。

2. 数据存储过于集中

云计算服务器是一个开放式、共享的平台，会提供高质量的数据存储服务，这就导致云端平台存储的信息数量繁多，且高度集中，而且，用户没有访问数据信息的优先权，并不清楚云端平台存储信息数据真实的情况。云计算使用者将数据存储在服务商提供的设备上，并且可共享存储资源。存储数据安全风险主要包括：服务商享有存储数据的优先访问权，因此，服务商内部人员在使用数据时存在非授权访问和泄露的风险；恶意租户或者黑客的非正常使用也会引发数据丢失及泄露的风险；计算机软件、硬件都存在发生故障的可能，或者电力中断以及不可抗拒的自然灾害，也会引发数据丢失风险。虽然目前云计算系统多采用分布式存储，大大降低了数据丢失的概率，但黑客攻击问题依然存在。

3. 数据传输的安全风险

因为云计算服务存储的信息数据都是在云端平台上，数据传输时极易发生被窃取、被篡改等问题。据统计，超过 80% 的云安全问题发生在数据传输过程中。一旦在信息数据传输的过程中，外包数据被不法黑客所攻击，或者是窃取、篡改及破坏，都会导致个人及企业用户信息的泄露或丢失，因此，如何保障数据传输的安全性也是云计算服务值得关注的问题。

4. 数据共享的安全风险

云计算服务是一个开放式共享的平台，在云计算服务中，数据共享是其重要的表现。为了保证共享数据的安全性，云计算服务常用的是利用第三方数据重加密方法和基于用户身份属性特征的属性基加密算法，但在实际运用中，当数据的拥有者将密文数据上传到云端服务器上时，如果将密文数据进行共享，其身份就会发生变化，需要更新密文数据共享的策略，这就会导致第三方代理数据重加密方法需要运用更加复杂的数据管理方式,从而导致用户的隐私数据容易遭遇泄露的风险。

5. API 接口的安全风险

云计算服务面临的数据安全威胁还包括 API 接口的安全风险。因为云计算技术具有较强的松耦合性,所以云计算在模块与模块之间及其对外提供服务时,都需要使用 API 接口来实现。而 API 接口存在着认证、授权以及代码缺陷等方面的问题,这就导致用户在使用 API 接口时,存在着较大的安全风险,极易发生信息数据的泄露。

6. 信息内容安全问题

在云服务大环境下,虽然为用户提供了便利条件,但同时也为有害信息、垃圾信息等信息的传播提供了新的渠道,对云计算使用的规范性管理和监督造成很大困难,如难以对不良信息进行追根溯源的处理;在公共云服务体系中,信息和发布载体呈现动态绑定,很难对服务器的具体位置进行定位等。

3.1.2 云计算安全发展现状

云计算在美国和欧洲各国得到政府的大力支持和推广,云计算安全和风险问题也得到各国政府的广泛重视。2010 年 11 月,美国政府 CIO 委员会发布关于政府机构采用云计算的政府文件,阐述了云计算带来的挑战以及针对云计算的安全防护,要求政府及各机构评估云计算相关的安全风险并与自己的安全需求进行对比分析。同时指出,由政府授权机构对云计算服务商进行统一的风险评估和授权认定,可加速云计算的评估和采用,并能降低风险评估的费用。

2010 年 3 月,参加欧洲议会讨论的欧洲各国网络法律专家和领导人呼吁制定一个关于数据保护的全球协议,以解决云计算的数据安全弱点。欧洲网络与信息安全局(ENISA)表示,将推动管理部门要求云计算提供商通知客户有关安全攻击状况。

日本政府也启动了官民合作项目,组织信息技术企业与有关部门对于云计算的实际应用开展计算安全性测试,以提高日本使用云计算的安全水平,向中小企业普及云计算,并确保企业和人格数据的安全性。

在中国,2010 年 5 月,工业和信息化部副部长娄勤俭在第 2 届中国云计算大会上表示,我国应加强云计算信息安全研究,解决共性技术问题,保证云计算产业健康、可持续发展。

从信息安全领域的发展历程可以看到,每次信息技术的重大革新,都将直接影响安全领域的发展进程,云计算的安全也会带来相关 IT 行业安全的重大变革。

(1) IT 行业法律将会更加健全,云计算第三方认证机构、行业约束委员会等组织有可能出现。只有这些社会保障因素更好地发展健全,才能从社会与人的角度保证云计算的安全。

(2) 云计算安全将带动信息安全产业的跨越式发展,信息安全将进入以立体防御、深度防御等核心的信息安全时代,将会形成以预警、攻击防护、响应、恢复为特征的生命周期安全管理。并在大规模网络攻击与防护、互联网安全监管等出现重大创新。

(3) 如下与云计算相关的信息安全技术将会得到更深发展[7]。

① 可信访问控制技术。利用密码学方法实现访问控制,具体实现上,可以考虑基于层次密钥生成与分配策略实时访问控制等方法。

② 加密解密、数字密钥技术。随着云计算的实现,黑客将会有更多的计算资源来破解数据,可能会要求 SHA 等加密技术进一步发展。

③ 密文检索与处理技术。数据变为密文时,将会丧失许多特性,从而使数据分析与检索方法失效,密文检索与处理技术目前仍然不是特别成熟,相信随着云计算的发展与密文处理增多的需要,这方面的安全检索与处理技术的研究将会出现突破。

④ 数据存在与可用性证明技术。用户在使用云的时候,需要在取回很少数据的情况下,通过某种数据存在与可用性证明技术,来判断远端数据是否存在、完整与可用。这有可能会在概率分析、代数签名或者纠错码方面有所突破。

⑤ 数据隐私防护技术。云中的数据保护涉及数据生命周期的每一个阶段,因此实现一种可以防止计算过程中非授权数据泄露的隐私保护系统尤为重要,相信这种需求将会带动隐私保护技术的发展。

⑥ 虚拟安全技术。虚拟安全技术是云计算的基石,在使用虚拟安全技术时,云架构服务商需要向其客户提供安全性和隔离保障。因此虚拟安全技术中的访问控制、数据计算、文件过滤扫描、隔离执行等安全技术将会有很好的发展前景。

⑦ 资源访问控制技术。在云计算中,每个云都有自己的不同管理域,每个安全域都管理着本地的资源和用户,当用户跨域访问时,域边界便需要设置认证服务,对访问者进行统一的认证管理。同时,在进行资源共享时,也需要对共享资源进行访问控制策略进行设置。

⑧ 可信云计算技术。将可信云计算技术融入云计算,以可信赖的方式提供云服务,现在已经是云安全研究领域的一大热点。Santos 提出了一种可信云计算平台 TCCP,基于此平台,PaaS 服务商可以向其用户提供一个密闭的箱式执行环境。

3.2 可搜索加密技术

近年来,随着云计算和大数据技术的蓬勃发展,海量数据存储服务越来越成熟,同时也受到高等院校、科研机构和企业越来越多的关注。云计算凭借着其高效可靠、成本廉价等优势逐渐占领市场,其基础设施不断完善,相关产业保持着迅猛发展的趋势，虽然云计算和大数据技术给用户带来了很多方便，但是同时也会对用户所存储的数据进行分析揣测，把信息泄露给一些未授权的用户，随之带来了云计算的隐私性、兼容性及稳定性等问题。例如，2018 年 3 月媒体曝出的英国数据分析公司 Cambridge Analytica 公司以一种不正当的手段获取 Facebook 用户的数据并从中获利，该数据泄露事件涉及全球 8700 万 Facebook 用户，这对使用 Facebook 服务的用户造成了巨大影响，同时也给 Facebook 平台带来了不可忽视的商业经济损失[3]。因此，数据的隐私保护成为了云存储平台进一步推广最大障碍之一。通常，对数据进行加密是针对保护数据隐私和机密性的一种直接的有效的方式。可是，当数据以密文的形式存储到云服务器时，数据的密文形式破坏了数据可提供搜索的语义关系、包含关系、顺序关系以及统计关系。因此，用户很难用传统的搜索技术检索到自己想要查询的数据。为了能够在密文数据中安全、高效地检索到自己想要的数据，可搜索加密(searchable encryption，SE)[7]应运而生。该技术可以使得用户通过自己设计的搜索陷门，来获得自己想要的目标密文并可自行解密。目前，可搜索加密技术在学术界与工业界均得到了广泛的研究。

可搜索加密是指无需从云存储服务器上下载所有密文文件，当用户需要搜索某个关键词时，可以将该关键词的搜索凭证发给云存储服务器；在接收到搜索凭证之后，云存储服务器试探性地将其与每个文件进行匹配，如果匹配成功，则说明该文件中包含该关键词；最后，云端将所有匹配成功的文件返回给用户。

3.2.1 可搜索加密技术简介

可搜索加密体制的工作过程如图 3-2 所示[5]。首先数据拥有者把加密的数据以及相关的关键词密文发送到云端的服务器，然后用户利用私钥生成搜索陷门，并把该陷门信息发送给云服务器，云服务器通过使用该陷门信息搜索到用户感兴趣的数据，并把数据发回给用户。该技术实现了用户在不可信赖云服务器环境下进行快速有效的密文关键词检索，同时不泄露任何关于数据的信息。

可搜索加密体制一般可分成对称可搜索加密体制和非对称可搜索加密体制两大类。首个对称可搜索加密方案是 Song[7]等人提出来的，该方案中使用了类似流密码的方法进行加密，通过线性扫描来查找特定的关键词，实现了在密文上进行关键词检索的功能。根据对称加密体制的性质，对称可搜索加密体制中的加密数据和检索的陷门信息都必须使用同一个密钥来加密，因此对称可搜索加密体制更适合应用于个人的数据存储等场景中。Boneh 等人首次提出了可搜索公钥加密的概念[8]，利用公钥加密技术和双线性映射给出了相应的构造方案，并把该方案应用在邮件路由的应用场景中，在该应用场景中有三个参与方分别是发送者、接收者和邮件服务器。邮件发送者使用接收者的公钥来加密邮件以及关键词信息，邮件接收者使用自身的私钥生成搜索陷门，最后由云端的服务器来进行数据检索，将包含某个关键词的邮件分发给邮件接收者。

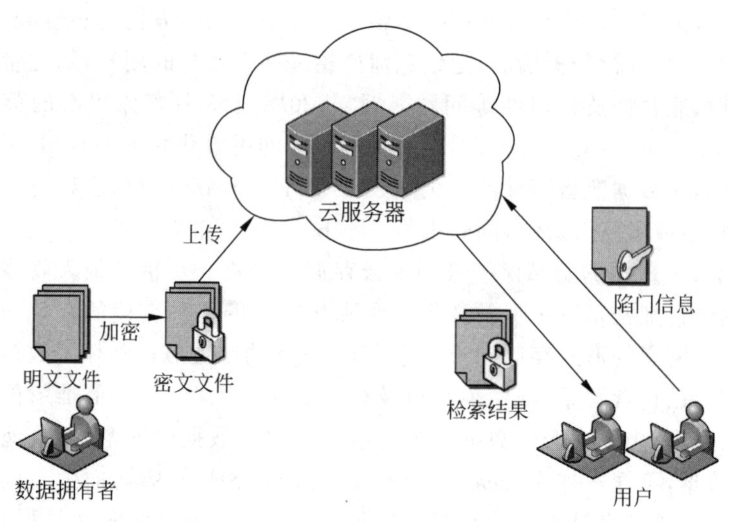

图 3-2　可搜索加密的基本模型

3.2.2　对称密钥可搜索加密

首个对称可搜索加密(symmetric searchable encryption,SSE)方案是 Song 等人[7]基于密文全文扫描匹配的思想提出来的。SSE 采用密码学中的对称密码体制,在该方案的构造过程中,明文加密、索引加密、关键词搜索陷门的生成、密文检索、以及最后关于检索到的密文解密操作都采用同一密钥。因此,SSE 非常适合于数据独享场景,即用户自己上传隐私数据,然后自己解密查询。当然,SSE 也可以用于数据共享场景,此时,就需要数据拥有者将相关密钥共享给用户(当数据拥有者与数据用户是同一个人时,即为独享场景)。SSE 的场景模型[9]如图 3-3 所示,本场景涉及四个实体,可信任认证中心(trusted authentication,TA)、云服务提供商(cloud service provider,CSP)、数据拥有者(data owner,DO)、数据用户(data user,US)。其中,TA 负责相关系数参数的建立、DO 与 DU 的身份认证及密钥的生成,为 DO 与 DU 提供安全可信的系统环境;DO 是数据拥有者,一方面,负责将

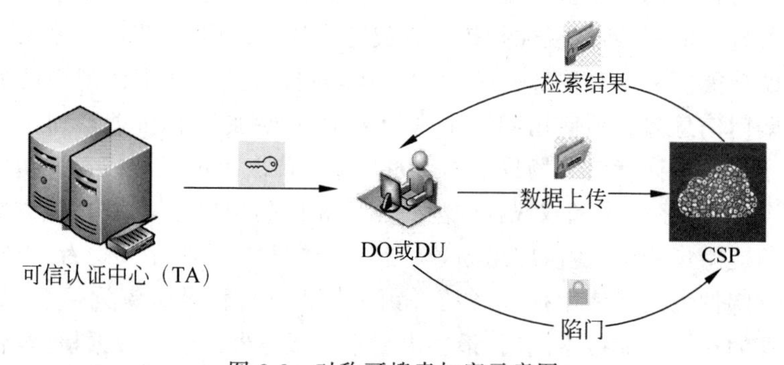

图 3-3　对称可搜索加密示意图

自己所拥有的共享数据加密，然后上传给云服务器，另一方面，负责为DU进行密钥传送；CSP是云服务提供商，主要为DO提供数据存储服务、为DU提供数据检索服务；DU就是数据用户，为了得到自己想要的数据，DU首先在本地利用自己所掌握的密钥信息，生成陷门搜索，并将相对应的搜索陷门提交给CSP，之后CSP通过相应的检索操作，返回DU所需的数据。

3.2.3　公钥可搜索加密

非对称可搜索加密，也称公钥可搜索加密(public key encryption with keyword search，PEKS)方案是一类具有密文可搜索性质的加密体制，它在确保数据机密性的同时，允许用户搜索包含某些特定关键词的加密数据。PEKS利用密码学的公钥密码体制中公钥与私钥分离的优良特性，不需要数据拥有者提前与数据用户进行密钥协商，就可以安全地将可搜索加密技术应用于数据共享场景。

与对称可搜索加密体制不同，大部分的非对称可搜索加密体制是通过双线性映射构造实现的，因此其运算效率比对称可搜索加密方案要低不少。但是由于非对称可搜索加密方案使用了数据拥有者的公钥对数据进行加密，因此在整个加密过程中，数据加密者不需要与数据共享者进行密钥协商，这使得该方案更适合于多用户的数据共享等领域，其应用场景比对称可搜索加密体制更为广阔。

公钥可搜索加密的模型[9]主要涉及四个实体，可信任认证中心(TA)、云服务提供商(CSP)、数据拥有者(DO)、数据用户(DU)，如图3-4所示。其中，TA负责相关参数的建立、DO与DU的身份认证以及公钥、私钥的生成；DO是数据拥有者，负责将自己所拥有的共享数据利用数据用户的公钥加密，然后上传给云服务提供商，这里，DO不再提前与DU进行密钥协商，从而极大提高了数据共享的效率；CSP是云服务提供商，主要为DO提供数据存储服务、为DU提供数据检索服务；

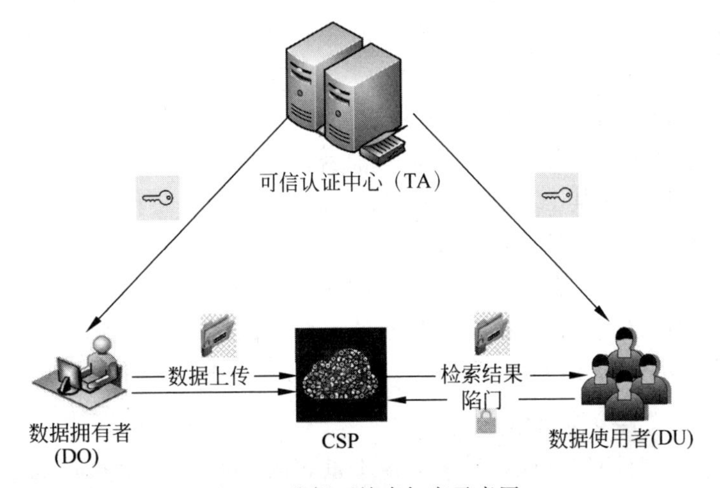

图3-4　公钥可搜索加密示意图

DU 就是数据用户，为了得到自己想要的数据，DU 首先在本地利用自己的私钥信息，生成搜索陷门，并将相应的陷门提交给 CSP，之后 CSP 通过相应的检索操作，返回 DU 所需的数据，最后 DU 利用自己的私钥查看返回的密文数据。

3.2.4 可搜索加密技术在工业互联网中的应用

1. 邮件路由

这个应用场景最早由 Boneh 等人[8]提出，在该应用场景中有三个参与方：发送方、接收方和邮件服务器。假定接收方 Alice 希望通过使用笔记本电脑、台式电脑、手机等设备来接收她的邮件。邮件服务器会通过邮件所包含的关键词来将邮件发送到合适的设备上。例如，当发送方 Bob 发送一个包含"urgent"关键词的邮件时，那么该邮件将被发送到 Alice 的手机上。当 Bob 发送一个包含"lunch"关键词的邮件时，那么该邮件将被发送到 Alice 的台式电脑上。

在 Boneh 等人的方案中，发送方 Bob 使用接收者 Alice 的公钥加密一封邮件以及相应的关键词，然后把加密后的数据发送给邮件服务器。接收者 Alice 使用自己的私钥生成关于某个关键词的陷门信息，通过向邮件服务器发送该陷门信息来检索邮件密文，同时保证在检索过程中不会泄露数据的隐私信息。

Bonenh 等人所提出的 PEKS 方案所考虑的应用场景是针对多发送者-单接收者的情况。Wang 等人所提出了一种新的应用场景，即多发送者-多接收者的邮件路由场景。在该方案中，发送方使用多个接收者的公钥对邮件进行一次加密，然后把这份密文分别发送给多个接收者的公钥单独对邮件进行加密而带来的重复计算开销。

2. 审计日志

在 2003 年，Waters 等人[10]提出了公钥可搜索加密方案的另一个应用场景：安全审计日志。在该应用场景中主要涉及三个参与方，分别为不可信的云服务器、查询者以及可信的审计机构。

某一家公司将自己的审计日志信息存储在不可信的云服务器中，并使用公钥对该审计日志和相应的关键词信息进行加密，由可信的审计机构来管理私钥。当查询者想要查询关于某个关键词的信息时，需要向该审计机构提出授权申请，如果该审计机构认为可以授权，则使用私钥生成一个陷门信息并把它发送给查询者，查询者使用该陷门信息在存储审计日志的云服务器上搜索到所需要的信息。

这个应用场景与邮件路由应用场景的主要不同点在于，在该应用场景中由可信第三方来生成搜索陷门，而不是由查询者自己来生成搜索陷门。

3. 云存储文件安全检索

云存储服务是公钥可搜索加密另一个重要的应用场景，在该应用场景中公钥可搜索加密提供了安全的数据存储以及数据检索功能，其中涉及三个参与方：云服务器、数据拥有者和用户。

云服务器提供第三方的数据存储以及检索服务。由于云服务器往往是不可信的，并且存放在其上的数据可能包含用户的个人敏感信息。因此，处于安全性的考虑，云服务器上的数据文件必须先进行加密，以保证数据存储的机密性。当用户想要搜索包含特定关键词的数据时，用户会经过数据拥有者的授权得到相应的搜索凭证，然后在云服务器上进行关键词检索。云服务器对存储在本地的密文文件进行匹配检索，如果匹配成功，则说明该密文中包含用户要检索的关键词。

采用公钥可搜索加密方案的云存储系统节约了用户大量的通信开销和存储开销。用户可以直接检索到自己感兴趣的密文，下载到本地进行解密操作，而无需把密文文件全部下载到本地，然后再一一解密。

3.3 属性基密码技术

在云计算广泛应用之后，越来越多的人选择将数据存储在云存储服务商中。而目前面临的最大的挑战就是数据的安全性、可用性和性能方面的问题。显而易见，安全性问题一直是云存储中面临的巨大挑战。访问控制是实现用户数据的机密性以及保护隐私的手段，需要对其进行加密存储。很多云存储服务商都能提供简单的访问控制功能，但云存储商不能够保证在复杂多变的互联网中数据的安全性。虽然借助传统的加密手段能够保证用户数据的安全，但无法实现细粒度的访问控制，此时属性基加密(attribute based encryption，ABE)应运而生。

属性基加密的概念最初由 Sahai 和 Waters 在 2005 年结合了基于身份加密的方法提出的[10]，是一种加密访问控制的新的方式。在属性基加密系统中，密文不必要以传统的公钥密码体制交给一个特定的用户，而是用户的私钥和密文与一个属性集或属性上的策略相关联。当且仅当用户的私钥和密文相匹配时，这个用户才可以解密密文。

基于属性的加密具有以下四个特点。

(1) 资源提供方仅需提供属性用来加密消息，无需关注群体中成员的数量和身份，降低了数据加密开销并保护了用户隐私。

(2) 只有符合密文属性要求的群体成员才能够解密消息，从而保证数据机密性。

(3) ABE 机制中用户密钥与随机多项式或随机数相关，不同用户的密钥无法联合，防止了用户的合谋攻击。

(4) ABE 机制支持基于属性的灵活访问控制策略，可以实现属性的与、或、非和门限操作。

属性基加密最重要的一类应用是用于个人电子病历上。个人电子病历是一个新兴的以患者为中心的医疗信息交换模型，经常需要把数据存储在第三方，比如云提供商。然而,广泛的隐私问题,如个人健康信息被暴露给了这些第三方服务器和未授权的机构。而对于加密信息的细粒度的访问控制,则用到了属性基加密的技术。属性基加密的应用场景还有很多,凡是把加密数据存储在第三方,但又想对加密数据进行细粒度的访问控制时,都可以使用属性基加密。

属性基签名(attribute based signature,ABS)是基于身份签名体制的一个扩展,在这种体制中用户的身份用一系列的属性来描述而不是用单个的身份串来描述。在属性基签名的体制中,用户从属性中心获得一组属性私钥,然后用这组属性私钥进行签名[11]。签名者的权力由其所拥有的属性集合决定。验证者通过验证该签名,只能确定该签名满足某个访问结构,但是不知道签名者是如何满足这个访问结构的。ABS作为传统数字签名的一种重要延伸,在保证了数据完整性和不可伪造性的同时,保护了用户身份的隐私性,在数据安全和身份安全至关重要的今天,有着不可替代的作用,逐渐成为实现安全匿名认证的一种有效手段。

3.3.1 属性访问结构

假设U为属性全集,定义$\Gamma(U)=\{W: W\subset U\}$,则$\Gamma(U)^*=\Gamma(U)\backslash\{\varnothing\}$的任意一个非空子集$A$称为一个访问结构。

1. 单调访问结构(monotonic access structure)

如果一个访问结构$A\subseteq\Gamma(U)^*$,当且仅当满足$\forall B,C$,如果$B\in A$且$B\subseteq C$,则有$C\in A$成立,则称A是单调的。将A中的集合称为授权集合,不在A中的集合称为非授权集合。

1)单层访问结构

单层访问结构由一个谓词节点和多个属性节点组成。叶子节点表示访问结构中的属性集ω^*,根节点表示门限谓词,当用户的属性ω和访问结构Γ中属性ω^*的交集不小于门限值t时有$\Gamma_{(t,\omega^*)}(\omega)=1$,即该用户可以生成有效的签名。如图3-5所示。通过单层访问结构,系统可以定义简单的访问策略,如{"院系:信息与软件工程学院"AND"职位:副教授"AND"年龄:大于40岁"},{"院系:信息与软件工程学院"OR"职位:副教授"OR"年龄:大于40岁"}等。

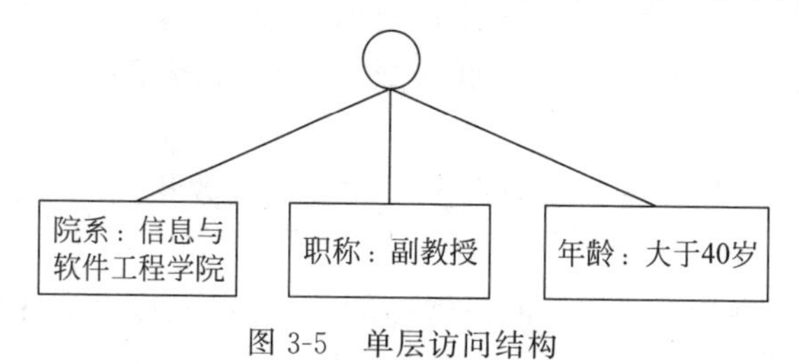

图3-5 单层访问结构

2)树形访问结构

树形访问结构可以理解多个单层访问结构的组合,由多个谓词和属性组成。

叶子节点表示访问结构中的属性集 ω^*，根节点和内部节点都表示谓词。对任意节点 x，定义函数 $parent(x)$ 表示其父节点。对同父节点的所有子节点列出索引，函数 $index(x)$ 表示 x 节点在其他同父子节点中的索引值。

通过树形访问结构，系统除了可以定义上述访问策略外，通过改变访问结构的广度和深度，还可定义更为灵活的访问策略，如{(“院系：信息与软件工程学院”AND“职位：副教授”)OR“年龄：大于 40 岁”}，{(“院系：信息与软件工程学院”OR“职位：副教授”)AND“年龄：大于 40 岁”}，等等，如图 3-6 所示。

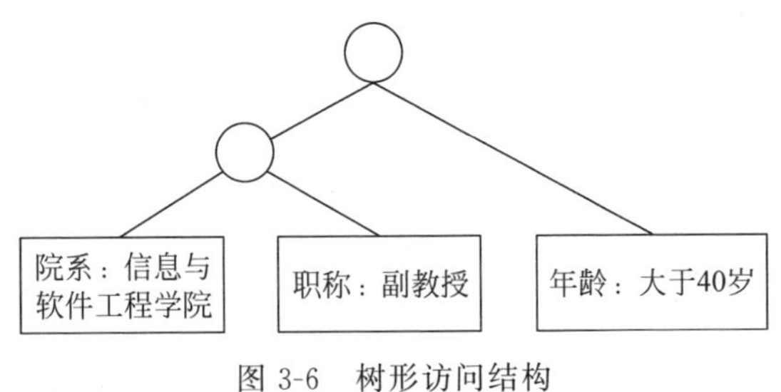

图 3-6 树形访问结构

2. 线性秘密共享(linear secret sharing scheme，LSSS)

假设存在一个参与方的集合 P 中，称 Π 为一个线性秘密共享方案[19]应满足以下条件。

(1) 协议中的所有参与方都拥有一个在 Z_p 上的秘密分享向量。

(2) 存在一个代表着 Π 中秘密分享值的 ℓ 行 n 列的产生矩阵 $\boldsymbol{M}$。假设存在一个将矩阵 $\boldsymbol{M}$ 中的每一行映射到每一个参与者的函数 ρ，也就是对于 $i=1,2,\cdots,\ell$，$\rho(i)$ 表示着对应于 i 的参与者。假定要分享一个秘密值 $s\in\mathbb{Z}_p$，则首先生成一个列向量 $\boldsymbol{v}=(s,r_2,\cdots,r_n)$，其中 $r_2,\cdots,r_n$ 是在 $\mathbb{Z}_p$ 中随机选取的值。然后计算出 $\boldsymbol{M}v$，即对应于 Π 的 ℓ 个部分秘密共享值，$(Mv)_i$ 为参与者 $\rho(i)$ 的部分秘密共享值。

按如上定义的线性秘密共享方案可知具有线性重构的性质：假定存在一个访问结构为 $\mathbb{A}$ 的线性秘密分享方案 Π，令 $S\in\mathbb{A}$ 表示任何授权成功的集合，以及令 $I\subset\{1,2,\cdots,\ell\}$ 定义为 $I=\{i:\rho(i)\in S\}$。则存在一组常数 $\{\omega_i\in\mathbb{Z}_p\}_{i\in I}$，使得等式 $\sum_{i\in I}\omega_i\lambda_i=s$ 成立，其中 s 为方案 Π 中秘密共享值，$\{\lambda_i\}$ 是满足 Π 中访问结构 $\mathbb{A}$ 的对应于 i 的各个参与者的有效共享值。并且 $\{\omega_i\}$ 可以在多项式时间内计算得出，而对于非授权集合 $S\notin\mathbb{A}$，则在理论上无法获取秘密分享值 s 的任何信息。

3. “与”门和通配符(AND Gate＋Wildcard)

用 $U=\{Att_1,Att_2,\cdots,Att_L\}$ 表示系统中的属性域，其中每一个属性 Att_i 都被一个唯一的数值 A_i 来表示。当一个用户加入此系统时，这个用户便被一个属性集 $S=\{S_1,S_2,\cdots,S_L\}$ 所定义，其中每一个标识符 S_i 的取值为“＋”或者“－”。用

$W=\{S'_1,S'_2,\cdots,S'_L\}$表示带有通配符的与门访问策略，其中每一个标识符 S'_i 只能取值正属性“+”，负属性“−”，通配符属性“∗”。通配符“∗”表示可有可无，即这个属性值是“+”或者“−”都满足访问策略。这里用 $S\models W$ 表示用户的属性集 S 满足访问策略 W。例如，假定在一个系统中的属性域为 $U=\{Att_1=\text{CS},Att_2=\text{EE},Att_3=\text{Faculty},Att_4=\text{Student}\}$。Alice 是部门 CS 中一个 Student，Bob 是部门 EE 中的一个 Faculty，Carol 同时是部门 CS 和部门 EE 中的 Faculty。表 3-1 展示了他们的属性集的具体表示形式。从表 3-1 可以看出，只有在部门 CS 中的 Student，同时又不是部门 EE 中的 Faculty 才能满足访问策略 W_1；而所有在部门 CS 中，同时不在部门 EE 中的 Student 和 Faculty 满足访问策略 W_2。

表 3-1　属性集和访问策略

Atttibutes	Att_1	Att_2	Att_3	Att_4
Description	CS	EE	Faculty	Student
Alice	+	−	−	+
Bob	−	+	+	−
Carol	+	+	+	−
W_1	+	−	−	+
W_2	+	−	*	*

3.3.2　属性基加密技术

2005 年，Sahai 和 Waters 提出了模糊身份基加密方案[10]，首次给出了属性基加密的概念。在该方案中，它用一系列的属性模糊用户的身份，并引入了门限访问控制策略，使得密文信息和用户的解密密钥都与属性相关联，解密时，当且仅当用户解密密钥中的属性集合与密文中的属性集合之间的交集个数达到系统设定的门限值时方可解密成功。第一次利用秘密分享的思想引入属性基加密的概念。属性基加密，提供了一个多对多的通信方式，使得加密者在加密信息时不需要知道具体由谁来解密密文，只要在加密过程以及密钥生成过程中，将使用到的属性集合以及用属性集合定义的访问控制结构之间相互匹配便可解密成功。

自属性基加密问世以来，研究者们针对不同的应用场景做了大量的研究工作，基本的属性基加密机制虽然在实现密文长度固定方面有很好的应用，但其只能表示由授权机构设置的门限操作，访问策略的灵活性较弱，且公钥的计算开销会随用户数量的增加成线性增加，因此限制了属性基加密机制在复杂系统中的应用。为了便于研究，2006 年，Vipul Goyal[14] 根据访问控制策略施加位置的不同，第一次将属性基加密划分为密钥策略的属性基加密方案（key policy attribute based encryption, KP-ABE）和密文策略的属性基加密方案（ciphertext policy attribute based encryption，CP-ABE），且对这两种属性基加密算法做了分析与比较，给出了一个由接收方规定访问策略的密钥策略属性基加密方案。所谓密钥策略的属性基加密方案，是将密钥与访问控制策略相关联，密文与属性集合相关联。解密当且仅当属性集合满足访问控制策略。而密文策略的属性基加密方案恰恰相反，密文与访问控制策略相关联，密钥与属性集合相关联，解密当且仅当属性集合满足访问控制结构。在上述两种方案中，访问控制结构都支持门限、与门、或门操作，实现了访问控制策略的灵活表达。密钥策略属性基加密方案的提出，极大地丰富了属性基加密机制的性质以及应用范围，大大促进了属性基加密机制的研究和进展。

1. 密钥策略的属性基加密方案

Goyal 等人[14]在 2006 年首次提出 KP-ABE 方案。密文被属性集所标识，私钥和访问控制(控制用户可以解密哪个密文)相关如图 3-7 所示。访问结构是单调的，支持包含“与”“或”和“门限”的所有操作。

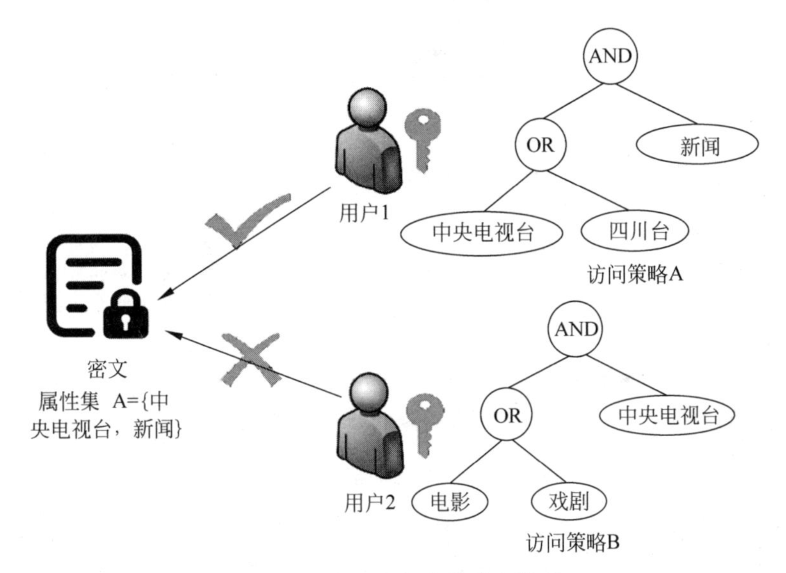

图 3-7　KP-ABE 方案的基本模型

一个 KP-ABE 方案由以下四个算法构成。

(1) 系统建立 Setup(λ,U)：Setup 算法的输入为一个安全参数 λ 和一个系统属性集 U，输出为系统中用到的公共参数 PK，以及主密钥 MK。

(2) 加密 Encryption(PK,m,γ)：Encryption 算法将一个明文消息 m、一个属性集 γ，以及公共参数 PK 作为输入，并输出密文 C。

(3) 密钥产生 KeyGeneration(PK,MK,$\mathbb{A}$)：KeyGeneration 算法输入公共参数 PK，主密钥 MK，和一个访问结构$\mathbb{A}$ ，并输出对应于用户访问结构$\mathbb{A}$ 的解密密钥 $SK_{\mathbb{A}}$。

(4) 解密 Decryption(C,$SK_{\mathbb{A}}$,PK)：Decryption 算法的输入为基于属性集 γ 进行加密的密文 C、对应与访问结构$\mathbb{A}$ 的解密密钥 $SK_{\mathbb{A}}$，以及系统中的公共参数

PK，当 $\gamma \in \mathbb{A}$ 成立时，输出相应的明文 m，否则输出⊥。

2. 密文策略的属性基加密方案

Bethencourt 等人[15]在 2007 年第一个提出 CP-ABE 方案。在这个方案中，属性被用来描述用户的证书，加密数据的一方通过消息描述属性或者证书决定了谁可以解密。用户的私钥和被表示的字符串的属性相关联，如图 3-8 所示。换句话说，加密消息的一方规定一个关于属性的访问结构。只有用户的属性符合密文的访问结构时，用户才可以解密。在 CP-ABE 中，加密者无法控制谁可以访问他加密的数据，除了指定数据符合的属性。另外，他必须信任密钥分发者。CP-ABE 可以应用到宽带、有线电视等场景，因为宽带和有线电视的加密者为运营商，解密者为使用者，运营商必须拥有访问控制的控制权。

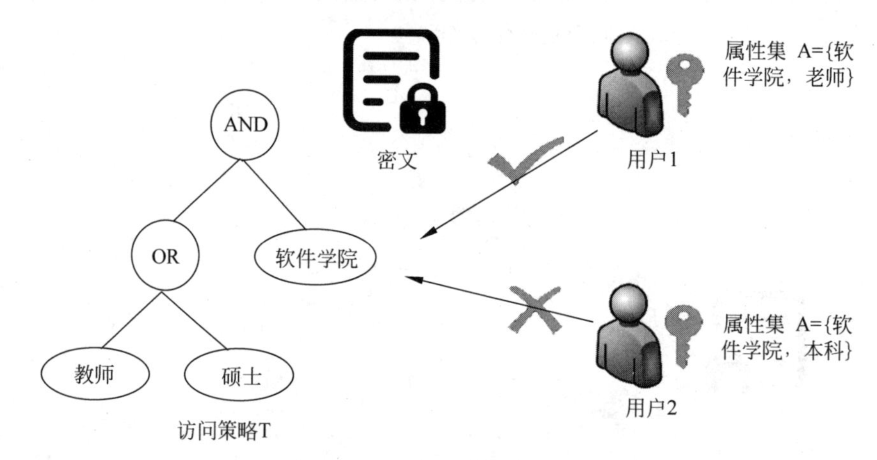

图 3-8　CP-ABE 方案的基本模型

一个 CP-ABE 方案由以下四个算法构成。

(1) 系统建立 Setup(λ,U)：和 KP-ABE 方案中的 Setup 算法一致：输入为安全参数 λ 和系统属性集 U，输出为公共参数 PK 和主密钥 MK。

(2) 加密 Encryption(PK,m,$\mathbb{A}$)：Encryption 算法输入公共参数 PK，一个明文消息 m 和一个访问结构$\mathbb{A}$ ，输出对应与访问结构$\mathbb{A}$ 的密文 C。

(3) 密钥产生 KeyGeneration(PK,MK,γ)：KeyGeneration 算法输入公共参数 PK、主密钥 MK 和一个属性集 γ，输出对应于用户属性集 γ 的解密密钥 SK_γ。

(4) 解密 Decryption(C,SK_γ,PK)：Decryption 算法输入基于访问机构$\mathbb{A}$ 的密文、对应于属性集 γ 的解密密钥和公共参数 PK，当 $\gamma \in \mathbb{A}$ 成立时，输出相应的明文 m，否则输出⊥。

3.3.3　属性基签名技术

属性基签名是属性基密码体制另一个重要的应用，属性基的签名体制在精确

(fine-grained)访问控制的匿名认证系统中发挥了重要的作用[17]。例如,Alice想对Bob公司里的员工做一个匿名的调查,要求必须是人力资源部门中级职称以上的员工或者是销售部门高级职称以上的员工才有资格接受调查。当然也可以用基于身份的匿名签名体制来解决这个问题。Bob公司里的员工其属性满足Alice的要求,就可以用不同的私钥进行签名。但是这样做有两个缺点:首先,签名和验证的次数和属性的个数有关;其次,不同的用户很容易共谋创建一个有效的签名。由于基于身份签名体制在精确访问控制结构的匿名签名中的不足,因此人们将目光转向了属性基的签名体制。

类比于ABE可以分为KP-ABE和CP-ABE,属性基签名同样可以分为密钥策略属性基签名(key policy attribute based signature,KP-ABS)和签名策略属性基签名(signature policy attribute based signature,SP-ABS)。

1. 密钥策略属性基签名

在KP-ABS中,签名私钥由访问策略参与生成,签名对应于满足该访问策略的一个属性集。当且仅当消息发送者的属性集满足签名策略时,就可以为该消息生成合法签名。一个KP-ABS协议由以下四个算法构成。

(1) Setup(λ,U):输入系统安全参数λ和属性全集U,该算法生成系统的公共参数PK和系统私钥MSK;

(2) Extract(Ω,PK,MSK):输入访问策略Ω,系统公私钥对PK,MSK,Extract算法输出用户的签名私钥sk;

(3) Sign(m,PK,sk,W):签名算法以待签名的消息m,系统公钥PK,用户签名私钥sk,以及用户属性集合W,输出签名σ;

(4) Verify(PK,m,σ):输入系统公钥PK,消息m及与其相关的签名σ,验证算法输出验证结果。

2. 签名策略属性基签名

在SP-ABS中,用户签名私钥对应于其属性集合,而签名对应于访问策略。签名者可以对消息生成合法签名,当且仅当其属性集满足访问策略。一个SP-ABS的形式化定义如下。

(1) Setup(λ,U):以系统安全参数λ和属性全集U为输入,Setup算法返回公共参数PK和系统私钥MSK;

(2) Extract(W,PK,MSK):输入用户的属性集合W,系统公私钥对PK,MSK,该算法输出用户的签名私钥sk;

(3) Sign(m,PK,sk,Ω):输入消息m,系统公共参数PK,用户签名私钥sk,以及一个访问策略Ω,签名算法输出与消息m相关的签名σ;

(4) Verify(PK,m,σ):消息的接收者输入消息m,签名σ以及系统的公共参数PK,验证算法输出验证结果。

属性基密码体制在工业物联网中的应用

3.3.4 属性基密码体制在工业物联网中的应用

本节介绍服务器辅助属性基签名(SA-ABS)协议[18]在工业物联网中的应用案例。在 SA-ABS 协议中,主要有 4 种实体参与交互,它们之间的交互过程如图 3-9 所示。

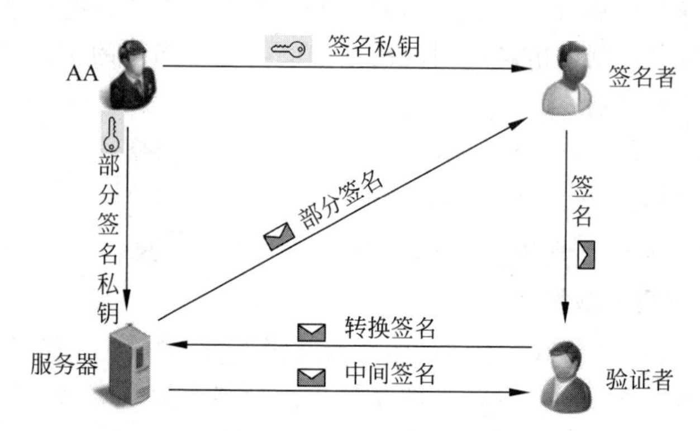

图 3-9 SA-ABS 协议的系统模型

属性授权机构(attribute authority,AA):用于管理所有的属性,并根据用户的属性集为用户和服务器生成和发放私钥;相应地,由于 AA 管理和掌握着系统中所有的属性和私钥信息,因此要求其必须是完全可信的。

服务器(Server):一个半可信的具有强大计算能力的外部设施,用于代理签名者和验证者本应执行的大部分计算,由于服务器是不完全可信的,所以用户在与服务器的交互中应避免直接泄露私钥和完整签名。

签名者(Signer):又称消息的发送者,签名者希望将消息发送给他人,又需要对消息进行签名背书,由于在该系统下,签名者被认为是一个资源限制的轻量级设备,因此需要将大部分计算外包出去。

验证者(Verifier):又称消息的接收者,在接收到来自签名者的消息和签名后,验证者需要对签名和消息进行验证,判断消息的完整性,但同样,在我们的模型中,验证者作为一个资源限制的终端设备,需要在服务器的辅助下完整验证。

图 3-9 中描述了 SA-ABS 方案的系统架构。具体地说,可信 AA 生成公共参数并保存主私钥,向每个签名者(即资源受限 IIoT 设备)颁发与其属性相关联的签名密钥;同时,它为每个签名者生成一个部分签名私钥,并将其提供给服务器,服务器保存所有签名者部分签名私钥的列表。当签名者打算在声明谓词下的消息上生成签名时,他/她向服务器发送部分签名生成请求,然后服务器将指定消息和声明谓词上的部分签名转发给签名者。从服务器接收部分签名后,签名者使用他/她的签名密钥计算签名。在签名验证方面,验证者首先使用短期转换密钥(由验证者保密)转换签名,然后将转换后的签名发送给服务器。服务器对转换后的签名运行

验证算法，并获得中间签名。最后，验证者通过中间签名和转换密钥检查签名的有效性。当签名者被撤销时，服务器将不响应来自该签名者的任何部分签名生成请求。

习题

1. 阐述云计算面临的主要安全威胁。

2. 公钥可搜索加密的模型主要涉及哪几个实体？这些实体在体制中的作用是什么？

3. 属性基加密的特点是什么？

4. 属性基加密方案分为哪两类？请给出它们的定义和不同点。

5. 在3.3.4节的例子中，为什么要引入服务器来辅助属性基签名？

参考文献

[1] 杨松，刘洪善，程艳. 云计算安全体系设计与实现综述[J]. 重庆邮电大学学报(自然科学报)，2020，32(5)：816-824.

[2] 邹涛. 云计算环境下信息安全风险评估方法研究[D]. 南昌大学，2018.

[3] SASUBILLI M K，VENKATESWARLU R. Cloud Computing Security Challenges，Threats and Vulnerabilities[C]//2021 6th International Conference on Inventive Computation Technologies (ICICT). IEEE，2021：476-480.

[4] 尹雪蓉. 云计算风险评估系统的研究[D]. 上海交通大学，2019.

[5] 徐骏. 高效的可搜索公钥加密体制研究[D]. 电子科技大学，2017.

[6] 曹强. 云存储中可搜索加密技术的研究[D]. 陕西师范大学，2019.

[7] SONG D X，WAGNER D，PERRING A. Practical techniques for searches on encrypted data[C]//Proceeding 2000 IEEE symposium on security and privacy. S&P. IEEE，2000：44-55.

[8] BONEH D，DI GRESCENZO G，OSTROVSKY R，et al. Public key encryption with keyword search[C]//International conference on the theory and applications of cryptographic techniques. Springer，Berlin，Heidelberg. 2004：506-522.

[9] 秦志光，徐骏，聂旭云，等. 公钥可搜索加密体制综述[J]. 信息安全学报 2017，2(3)：1-12.

[10] WATERS B，BALFANZ D，DURFEE G，et al. Building an encrypted and searchable audit log[C]//Annual Network & Distributed System Security Symposium(NDSS'04)，vol. 4，pp. 5-6，2003.

[11] SAHAI A，WATERS B. Fuzzy identity-based encryption[C]//Annual integernation conference on the theory and applicatios of cryptographic techniques. Springer，Berlin，Heidelberg，2005：457-473.

[12] 鲍阳阳. 高效属性基签名方案的研究[D]. 电子科技大学，2019.

[13] BEIMEL A. Secure schenes for secret sharing and key distribution[M]. Technion-Israel

Institute of technology, Faculty of computer science, 1996.

[14] VAN DIJK M, JACKSON W A, MARTIN K M. A note on duality in linear secret sharing scheme[J]. Bull. of the Institute of combmatorics and its Applications, 1997, 19: 98-101.

[15] GOYAL V, PANDEY O, SAHAI A, et al. Attribute-based encryption for fine-grained access control of encryption data[C]//Proceedings of the 13th ACM conference on Computer and communications security. 2006: 89-98.

[16] BETHENCURT J, SAHAI A, WATERS B. Waters. Ciphertext-policy attribute-based encryption[C]//IEEE symposium on security and policy(SP'07). IEEE, 2007: 321-334.

[17] 赵志远，王建华，朱智强，等. 云存储环境下属性基加密综述[J]. 计算机应用研究. 2018, 35(4): 961-968+973.

[18] 莫若. 基于属性的签名方案设计及其应用研究[D]. 西安电子科技大学，2018.

[19] XIONG H, BAO Y, NIE X, et al. Server-aided attribute-based signature supporting expressive access structures for industrial internet of things[J]. IEEE Transactions on Industrial Informatics, 2019, 16(2): 1013-1023.

第4章

大数据安全与隐私保护

4.1 大数据安全和隐私保护概述

当今社会信息化和网络化的发展导致数据的爆炸式增长，但是安全和隐私问题是人们公认的关键问题。在大数据时代，数据对人们的日常生活、生产经济方式等都有着潜移默化的影响，是现今社会各界的关注热点。目前，大数据的收集、综合应用技术还不够成熟，人们使用大数据的同时还面临着一系列的安全问题：信息真实性没有保障，用户隐私泄露[1]等。

IBM 2020 年度全球数据泄露成本调查显示（图 4-1）：调研的 350 家跨国公司的数据泄露平均成本高达 379 万美元，每条丢失或被窃记录（包含敏感和机密信息）的平均支付成本高达 154 美元[2]。大数据时代的安全及隐私保护形势异常严峻。

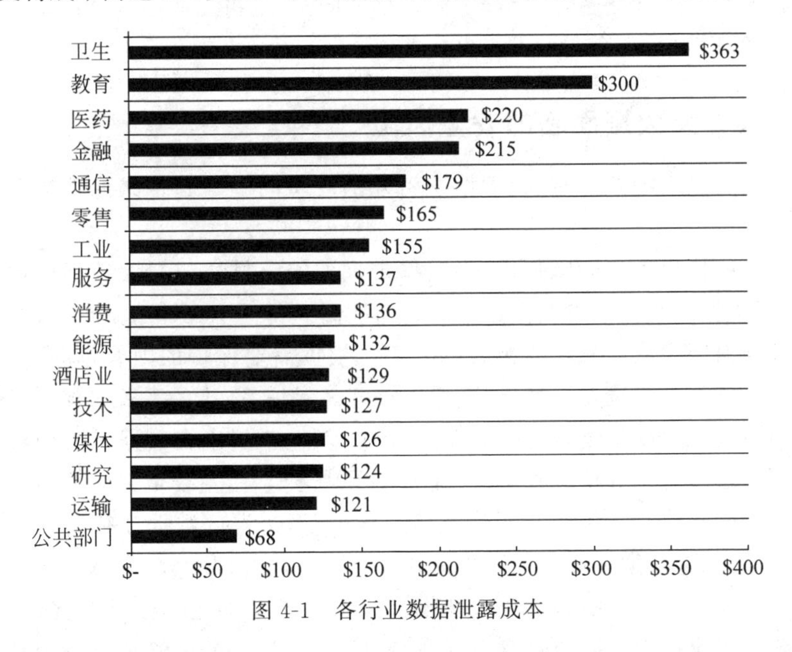

图 4-1　各行业数据泄露成本

普遍观点认为，大数据是指规模大且复杂，以至于很难用现有数据库管理工具或数据处理技术来处理的数据集。大数据的常见特点包括大规模（volume）、高速性(velocity)和多样性(variety)等。大数据价值的关键在于数据分析和利用,但同时对用户隐私产生威胁。在大数据时代,通过社交网站中的信息、智能手机的位置信息等多种数据组合,已经可以以非常高的精度锁定个人,挖掘出个人信息体系,造成用户隐私安全问题。

工业大数据的主要来源有两个,第一类数据来源于智能设备。普适计算有很大的空间,现代工人可以带一个普适感应器等设备来参加生产和管理。所以工业数据源是280亿左右设备之间的关联,这个是我们未来需要去采纳的数据源之一。第二个数据来源于人类轨迹产生的数据,包括在现代工业制造链中,从采购、生产、物流与销售市场的内部流程以及外部互联网讯息等,都是此类大数据的应用场景。通过行为轨迹数据与设备数据的结合,大数据可以帮助我们实现对客户的分析和挖掘,它的应用场景包括了实时核心交易服务和后台服务等。

智能制造融合了云计算、大数据、物联网等技术,实现柔性和动态的生产线,能够实现资源共享、生产自动化与智能化,是世界工业的发展方向。近年来工业控制系统安全事件频发,工业控制系统成为黑客密集攻击的目标。智能制造使生产制造环节从封闭的网络环境走向开放的互联网环境,带来新的安全挑战。工业控制系统与IT系统的一大区别是:前者直接与实际受控物理设备互动,一旦工业控制系统遭受破坏,可能导致物理世界中不可逆转的重大灾难。因此工业控制系统信息安全比单纯企业信息系统的安全问题更加重要。智能制造将云计算、大数据、物联网等技术引入工业制造,在提升生产效率的同时,也将工业控制系统置于更加开放不确定的环境中,安全问题可能更加严峻。

4.1.1 大数据面临的安全风险

科学技术是一把双刃剑,大数据所引发的安全问题与其带来的价值同样引人注目。

与传统的信息安全问题相比,大数据带来的安全挑战包括大数据中的用户隐私保护、大数据的可信性以及大数据的访问控制[3]等。大量事实表明,大数据未被妥善处理会对用户的隐私造成极大的侵害。根据需要保护的内容不同,隐私保护又可以进一步细分为位置隐私保护、标识符匿名保护、连接关系匿名保护等。大数据中的用户隐私保护不仅限于个人隐私泄露,还在于基于大数据对人们状态和行为的预测。目前用户数据的收集、管理和使用缺乏监管,主要依靠企业自律。大数据的可信性的威胁之一是伪造或刻意伪造数据,而错误的数据往往会导致错误的结论,威胁之二是数据在传播中逐步失真。至于如何实现大数据的访问控制,难点在于难以预设角色,实现角色划分;难以预知每个角色的实际权限。

传统的工业控制网络中企业信息网与内部的生产控制网络组成一个较封闭的环境。要入侵这样的系统,需要通过介质的摆渡攻击或者恶意邮件、买通内部员工等社会工程手段来入侵。智能制造的变革打破了传统工业控制系统(industrial control system，ICS)的封闭环境，它融合云计算技术、大数据技术、物联网技术，将生产制造环节与互联网信息系统连接起来，实现资源整合共享、生产智能化自动化，从而达到降低运营成本、缩短研制周期、提高生产效率的目标。智能制造不仅要求企业信息网络连入互联网，而且要求将原来较为独立的生产制造环节与公司的业务信息系统(如仓储系统、采购系统)连接起来。通过公司的业务系统，能对来自互联网的用户请求做出快速响应。工业大数据能帮助设计生产更加智能化、可实现柔性和动态的生产线，这也要求原本封闭的工业控制网络与外部建立连接。由于工业控制网络和信息网络的互联互通，病毒和恶意程序也更容易从信息网络扩展到工业控制网络。

随着结构化数据和非结构化数据量的持续增长以及分析数据来源的多样化，以往的存储系统已经无法满足大数据应用的需要。对于占数据总量80%以上的非结构化数据，通常采用非关系型数据库(NoSQL)存储技术完成对大数据的抓取、管理和处理。虽然NoSQL数据存储易扩展、高可用、性能好，但是仍存在一些问题。例如，访问控制和隐私管理模式问题、技术漏洞和成熟度问题、授权与验证的安全问题、数据管理与保密问题等。而结构化数据的安全防护也存在漏洞，如图4-2所示，如物理故障、人为误操作、软件问题、病毒、木马和黑客攻击等因素都可能严重威胁数据的安全性。大数据所带来的存储容量问题、延迟、并发访问、安全问题、成本问题等，对大数据的存储系统架构和安全防护提出挑战。

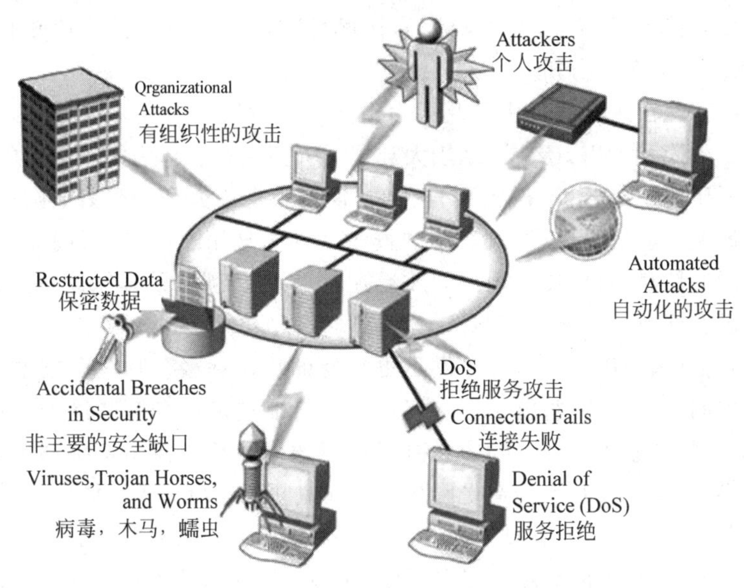

图4-2 各种威胁

对于数据库系统来说，它受到的威胁主要有：对数据库的不正确访问，引起数据库数据的错误；为了某种目的，故意破坏数据库，使其不能恢复；非法访问不该访问的数据库信息，且又不留痕迹；用户通过网络进行数据库访问时，有可能受到各种技术的攻击；未经授权非法篡改数据库数据，使其失去真实性；硬件毁坏；自然灾害；电磁干扰等。

在数据存储环节，最为核心的就是数据库的安全。保证数据库安全主要考虑4个层面：物理安全、操作系统安全、数据库管理系统（database management ststem，DBMS）安全和数据库加密。前3层不足以保证数据的机密性，数据库加密能保证敏感信息以密文的形式存在从而受到保护。为了保护数据库中的敏感数据，采取数据加密和访问控制的双重机制。此外，为保证DBMS的安全，其措施主要有信息流控制（information flow control）、推导控制（inference control）和访问控制（access control），其中应用最广且最为有效的是访问控制措施。

数据库加密技术也是保证数据库安全的重要措施之一。数据加密技术主要是利用一些语言程序将数据进行加密，对数据进行隐秘保护，这样数据在传输的过程中可以确保网络数据库运行的安全性、可靠性。但因网络数据库的资源量较为庞大，对全部数据进行加密也不太现实，因此，可以对其采取层次划分、筛选的方式，并对符合条件的数据对其进行加密处理，从而有效地保证数据的安全性，提升计算机网络数据库运行的安全性、可靠性。

在数据分析及应用阶段，存在安全、隐私问题，其原因包括[4]。

(1) 关联属性。在大数据分析及应用阶段，可以通过用户零散数据之间的关联属性，将某个人的很多行为数据聚集在一起时，他的隐私就很可能会暴露，因为有关他的信息已经足够多，这种隐性的数据暴露往往是个人无法预知和控制的。（即通过大数据的关联分析）

(2) 基于大数据的个人状态及行为预测。在大数据时代，人们面临的威胁并不仅限于个人隐私泄露，还在于基于大数据对人们状态和行为的预测。例如，零售商可以通过历史纪录分析，得到顾客在衣、食、住、行等方面的爱好、倾向等；社交网络分析研究也表明，可以通过其中的群组特性发现用户的属性，例如，通过分析用户的微博等信息，可以发现用户的政治倾向、消费习惯以及其他爱好等。

智能制造环境下的工业控制系统面临以下新的安全挑战。

(1) 工业网络IP化为入侵提供了更方便的攻击途径。物联网技术的引入和工业大数据的使用需要，智能工厂环境中的设计制造环节和互联网产生更多的连接，并在更多的场景中使用TCP/IP协议进行通信。整个控制系统都可以和远程终端互连，导致工业控制系统遭受网络入侵和威胁的风险大幅增加。

(2) 终端接入多样化增加了网络管理的困难。随着以太网、无线网引入生产、管理的各个方面，接入的终端变得多样化，终端上可能运行各种操作系统以及各种应用，各种应用又存在着多种多样的安全漏洞。无疑增加了安全管理的难度，终端准入的工作复杂度提高。

(3) 开放环境使得工业控制系统的组件的脆弱性更加彰显。目前国内工业控制系统（如DCS、SCADA系统、PLC等）以国外产品为主且依赖严重。从目前已经发生的工业控制系统信息安全事件来看，其存在不少0day漏洞。包括HMI终端，多采用Windows系统，且版本陈旧，容易被攻破。智能制造环境使得这些弱点暴露在网络入侵和威胁范围之内。

(4) 5G网络技术的应用将伴生更多的安全问题。5G网络通过综合运用软件定义网络(software defined network，SDN)、网络功能虚拟化(network function virtualization，NFV)及云计算等技术，具备软定义、可编程、高动态扩展和极度灵活等特性。针对个人用户，5G将可提供超出4G网络1000倍的极值速率、对大规模用户访问以及异构网络的无缝连接提供支持，并将确保实现高速移动条件下(500km/h)网络的持续性。5G可以降低智能硬件的能耗，而且通过D2D(Device to Device)、M2M(Machine to Machine)、MMTC(Massive Machine Type of Communication)等技术对物联网提供支持，将进一步促进物联网的广泛发展。智能制造环境也必将引入5G网络技术来改善物联网的生产环境。然而由于5G网络的开放、软件化和可编程化，相较于4G网络，5G网络将更容易受到安全攻击，未来5G网络的推广也将伴生新的安全问题。

对于隐私保护我们可以采取的措施有：①数据采集时的隐私保护，如数据精度处理；②数据共享、发布时的隐私保护，如数据的匿名处理、人工加扰等；③数据分析时的隐私保护；④数据生命周期的隐私保护；⑤隐私数据可信销毁等。

大数据的一个普遍的观点是数据自己可以说明一切，数据自身就是事实。但实际情况是如果不仔细甄别，数据也会欺骗，就像人们有时会被自己的双眼欺骗一样。大数据可信性的威胁之一是伪造或刻意制造数据，而错误的数据往往会导致错误的结论。若数据应用场景明确，就可能有人刻意制造数据、营造某种假象，诱导分析者得出对其有利的结论。由于虚假信息往往隐藏于大量信息中，使得人们无法鉴别真伪，从而做出错误判断。大数据可信性的威胁之二是数据在传播中的逐步失真。原因之一是人工干预的数据采集过程可能引入误差，由于失误导致数据失真与偏差，最终影响数据分析结果的准确性。此外，数据失真还有数据的版本变更的因素。在传播过程中，现实情况发生了变化，早期采集的数据已经不能反映真实情况。因此，大数据的使用者应该有能力基于数据来源的真实性、数据传播途径、数据加工处理过程等，了解各项数据的可信度，防止分析得出无意义或者错误的结果。

4.1.2 大数据安全与隐私保护发展现状

2012年11月1日，百度、奇虎360、搜狗、腾讯、网易、新浪等12家搜索引擎服务企业在北京签署了《互联网搜索引擎服务自律公约》，第一次明文规定搜索引擎服务商必须遵循国际通行的行业管理与商业规则，遵守机器人协议(Robots协议)。该协议的第10条明确指出“搜索引擎服务提供者有义务协助保护用户隐私和个人信息安全，收到权利人符合法律规定的通知后，应及时删除、断开侵权内容链接”。此前，关于金山指责奇虎 360 涉嫌偷窃用户隐私，继而几家大公司进行混战的事情一度引起人们对于用户隐私保护的急切关注。

在国外，2012 年 10 月 15 日，新加坡国会通过了个人信息保护法案；同月，微软为加强用户隐私保护宣布全面禁止跟踪 Cookies，而 Google 的新隐私政策则遭到消费者隐私保护组织的强烈反对并付诸法律诉讼。据悉，在美国北卡罗来纳州有人因雇主看了 Facebook 上的信息而造成求职失败，于是求职者对雇主起诉并打赢了官司。为此，北卡罗来纳州甚至立法规定雇主不得对个人隐私进行网上监控。大量事实表明，对大数据未能妥善处理会对用户隐私造成极大侵害。

近年来，大数据安全、隐私保护等相关期刊论文增长趋势明显，学术界对大数据安全研究逐年增多。通过对 big data、security、privacy 等词在 Engineering Village 期刊论文检索，我们发现检索量自 2014 年以来呈几何倍数快速增长。Hakuta. K 等展示了大数据安全和隐私方面所面临的挑战有关一些最新研究成果，确定了获取大数据相关信息和知识的三个阶段，得出大数据安全生命周期模型，并从数据收集、存储、分析、应用四个方面提升数据安全。Murthy. P. K 给出了大数据安全和隐私挑战论述，强调这些挑战将促使人们更加关注加强大数据基础设施。陈兴蜀等介绍了数据安全相关法律法规以及标准现状。

4.2 大数据系统身份认证技术

计算机系统和计算机网络是一个虚拟的数字世界，在这个数字世界中，一切信息包括用户的身份信息都是用一组特定的数字来表示的，计算机智能识别用户的数字身份，所有对用户的授权也是针对用户数字身份的授权。而我们生活的现实世界是一个真实的物理世界，每个人都拥有独一无二的物理身份。如何保证以数字身份进行操作的操作者就是这个数字身份合法拥有者，也就是说保证操作者的物理身份与数字身份相对应，成为了当今信息安全领域极为重要的问题。身份认证技术的诞生就是为了解决这个问题。

身份认证（即身份验证或身份鉴别）是验证用户的真实身份与其对外的身份是否相符的过程，从而确定用户信息是否可靠、属实，防止非法用户假冒其他合法用户获得一系列相关权限，保证用户信息的安全、合法利益，其是在计算机网络中确认操作者身份的过程中产生的解决方法。

4.2.1 身份认证技术简介

用户身份认证的最终目的就是要保障信息的安全，从用户使用和技术设计等多个方面来看，用户身份认证技术对于维护信息安全有着极为重要的意义[12~13]。第一，能够为用户带来更大的便利。用户身份认证技术能够对用户进行集中统一的管理。第二，用户身份认证单点登录更为凸显，用户在登录认证之后，在不同的系统之间进行切换时,不需要注销之后重新登录。第三,信息平台中的不同安全系统之间,都是基于同一个数据库而进行设计的。第四,用户身份认证系统具有更好的整合性和扩展性,不但能够兼容现有的安全系统和数据库,还能够支持新建的相关系统,故用户身份认证技术的集成模块也同样能够嵌入到新系统中。第五,用户身份认证技术对于用户来说更为灵活便捷,能够在多种环境下进行使用。用户身份认证技术在设计之初,就考虑到了在整个安全系统中,不同角色的分级权限管理、相关安全系统的维护、安全证书的管理以及信息资源的匹配等问题,从而实现数据的高度集中,提高资源的利用效率,让用户身份认证技术在信息安全中发挥更为显著的作用。

常用的身份认证方法包括但不限于:静态密码、动态口令、短信密码、USB Key认证、IC卡认证、生物识别技术[7~8,10~11]、数字签名等。身份认证是判断被证对象是否属实或是否有效的一个过程,主要通过以下3种方式来判别。

(1) 知识类认证方式:根据用户所知道的信息来证明用户身份。

(2) 资产类认证方式:根据用户所拥有的资产来证明用户身份。

(3) 本征类认证方式:根据用户独一无二的身体特征来证明用户身份。

为提高认证方式的安全性,通常利用这3种认证方式的组合方式进行判别。

身份认证技术基本分类方法如表4-1所示。

表4-1 身份认证技术基本分类方法

身份认证技术类别	主要认证方式
知识类	静态口令、用户相关信息等
资产类	电子令牌、App动态口令、手机短信验证、智能卡认证、数字证书认证等
本征类	指纹识别、人脸识别、虹膜识别等

1. 知识类认证方式

知识类认证方式主要包括静态口令和用户相关信息等。

静态口令是指长期保持不变、可以被用户反复重用的口令,是一种最原始最简单的认证方式。静态口令是一种极不安全的身份认证方式。

2. 资产类认证方式

资产类认证方式包括电子令牌、App动态口令、手机短信验证、智能卡认证和数据证书认证等。

1) 电子令牌

电子令牌是一种动态口令技术,用户使用时只需要将动态令牌上显示的当前密码输入用户侧客户端,即可实现身份认证。用户的密码根据时间或使用次数不断动态变化,每个密码只使用一次。如果客户端硬件与服务器端程序的时间或使用次数不能保持良好的同步,就可能发生合法用户无法登陆的问题,并且用户每次登录时还需要通过键盘输入一长串无规律的密码,一旦输错就要重新输入,因此用户在使用方面并不便利。

2）App 动态口令

App 动态口令是移动互联网新兴的一种认证方式，需要用户在手机上安装 App 动态口令生成软件，当用户需要使用口令时，运行 App 动态口令生成程序产生一个动态口令。

3）手机短信验证

手机短信验证是通过服务端下发到用户手机的短信验证码来验证身份。目前使用最普遍的有网上银行、网上商城、团购网站、票务公司等。

4）智能卡认证

智能卡是一种内置集成电路的卡片，卡片中存有与用户身份相关的数据，由专门的厂商生产，可以认为是不可复制的硬件。智能卡具有硬件加密功能，有较高的安全性。使用智能卡认证时，用户输入 PIN 码（个人身份识别码），智能卡认证成功后，即可读出智能卡中的秘密信息，进而利用该秘密信息与主机之间进行认证。对于智能卡认证，需要在每个认证端添加读卡设备，增加了硬件成本，并且单个用户可能拥有多张智能卡，不便于携带和管理。

5）数字证书认证

数字证书[8~11]包括证书版本、序列号、用户标识符、用户的公钥、证书所用的数字签名算法说明等内容。数字证书认证是借助第三方电子认证服务机构，为用户颁发基于 USB-Key 的数字证书，实现双因子认证（USB-Key 和用户 PIN 码）。

3. 本征类认证方式

本征类认证方式包括指纹识别、人脸识别和虹膜识别等。

1）指纹识别

指纹识别[8]是目前应用最广泛的生物识别方式，是把现场采集到的用户指纹与数据库中已经登记的指纹进行一对一的比对，来确认身份的过程。指纹识别使用方便，样本容易获取，硬件成本低，在许多应用中，基于指纹的生物认证系统的成本是可以承受的。

2）人脸识别

人脸识别[11]是基于人的脸部特征信息进行身份识别的一种生物识别技术。现有的人脸识别系统在用户配合、采集条件比较理想的情况下可以取得令人满意的结果。但是，在用户不配合、采集条件不理想的情况下，现有系统的识别率将陡然下降。当采集的人脸图像与系统中存储的人脸图像有差异，如剃胡子、换发型、加眼镜、变表情等都有可能引起比对失败。

3）虹膜识别

虹膜识别[10]是基于人眼中的虹膜进行身份识别，主要应用于安防设备（如门禁等）以及有高度保密需求的场所。虹膜在胎儿发育阶段形成后，始终保持不变。因此，可以将人眼的虹膜特征作为每个人的身份识别特征。虹膜识别便于用户使用，不需物理接触，可靠性高，可能会是最可靠的生物识别技术。然而，目前的技术现状是很难将虹膜识别的图像获取设备小型化，并且设备造价高，很难大范围推广。

如今，互联网助推社会的高速发展，而网络安全又为互联网的健康增长保驾护航，掌握、运用身份认证技术在现今这个信息技术时代占据着举足轻重的地位。只有深刻理解、认识身份认证技术，才能使它更好地服务于现代社会生活的方方面面。

4.2.2 匿名身份认证

匿名身份验证是确认用户访问网页或其他服务的权限的过程。与传统身份验证不同，传统身份验证可能需要用户名和密码等凭据，匿名身份验证允许用户登录到系统而不暴露其实际身份。

为了理解匿名认证在通过互联网传输信息时的重要性，我们可以考虑这样一个例子：一个旨在让专业人士提出和回答有关尖端技术的问题的网络论坛。如果论坛的每个用户每次发帖时都必须登录并表明自己的身份，那么论坛的其他用户就可以很容易地跟踪他的发帖习惯，收集关于他的问题的信息并使用它用于确定个人和他的公司目前正在进行的项目类型。这可能会在业务开发团队中造成严重的安全漏洞。使用匿名身份验证，无法跟踪或识别每个用户，保护他或她的身份和任何可以通过跟踪他或她的发布历史收集到的信息。

在网络世界中，匿名身份验证的用户和完全未经身份验证的用户没有区别。因此，使用匿名身份验证的网站对访问该网站的个人没有实际限制。使用此设置的网站有点像公共伪装；所有人可以获得访问权限，但无法识别任何人。

认证是网络完全体系中的重要组成部分，也是网络安全服务的基础。认证可以确认通信对方是否是其所声称的身份，鉴别网络中的非法用户；可以确认所接受消息的真实性和完整性，防止恶意实体伪造和篡改消息；可以建立安全的共享密钥，确保今后通信的机密性。现有的认证机制为了对用户进行认证，往往需要用户提供身份信息，这会造成用户身份信息的泄露，从而使用户的会话和位置被恶意实体跟踪。为了保护用户隐私，认证方案在提供安全认证和密钥建立服务的基础上要满足以下要求：①用户匿名性。在认证过程中，其他用户甚至服务提供者无法确定用户的真实身份。②无关联性。在认证过程中，其他用户甚至服务提供者无法确定不同的会话来自相同的用户。

这里将对用户和服务提供者之间的匿名认证问题进行分析，按照用户匿名强度的不同，匿名认证可分为两类。

(1) 对外部用户匿名：在认证过程中，外部用户无法确定用户的真实身份，并且无法确定不同的会话来自相同的用户，而服务提供者可以确定用户的真实身份。

(2) 对外部用户和服务提供者同时匿名(强匿名)：在认证的过程中，外部用户和服务提供者均无法确定用户的真实身份，而且无法确定不同的会话是否来自相同的用户。

在认证过程中，用户和服务提供者对于匿名性的要求是相反的。对于用户，为了充分保护个人隐私，希望获得较强的匿名性，希望对外部用户和服务提供者同时匿名。而对于服务提供者，希望用户是非匿名的。如果服务提供者无法确定用户身份，将会增加对用户管理的复杂性。例如，为了防止匿名用户进行恶意操作，服务提供者需要付出额外的管理开销。在普适环境中，应该根据不同的场合，选择不同的匿名认证方式，在满足用户匿名性要求的同时尽量降低服务提供者的管理复杂性。例如，当服务提供者具有较高可信度时，用户可以确信服务提供者不会利用其身份信息进行非法活动，这时可以采用第一类匿名认证方式，以降低服务提供者的管理复杂性。当用户访问一些涉及自身隐私的服务时，用户希望其他用户和服务提供者都不知道其具体访问了哪些服务，这时应该采用第二类匿名认证方式，以充分保护用户隐私。由上述分析可以看出，两类匿名认证机制在普适环境中均有需求，可满足不同应用场合的需要。

4.2.3 工业互联网中身份认证的应用

工业互联网最早由美国通用电气公司在2012年提出，和其他四家(IBM、思科、英特尔和AT&T)行业龙头企业联手，共同组建了工业互联网联盟(IIC)，并将这一概念进行推广应用。

工业互联网的本质和核心是通过工业互联网平台把设备、生产线、工厂、供应商、产品和客户紧密地连接融合起来。从而拉长产业链，形成跨设备、跨系统、跨厂区、跨地区的互联互通，提质增效，推动整个制造服务体系智能化。还有利于推动制造业融通发展，实现制造业和服务业之间的跨越发展，使工业经济各种要素资源能够高效共享。

自2017年国务院发布《国务院关于深化"互联网+先进制造业"发展工业互联网的指导意见》以来，各地政府纷纷加快落实"企业上云"，云计算发展突飞猛进。工业互联网、工业互联网平台成为当下最热的互联网话题之一。2018年，工业和信息化部设立了工业互联网专项工作组并印发《工业互联网发展行动计划(2018—2020年)》提出以供给侧结构性改革为主线，以全面支撑制造强国和网络强国建设为目标，着力建设先进网络基础设施，打造标识解析体系，同步提升安全保障能力，突破核心技术。同年工信部发布《工业互联网网络建设及推广指南》提出在2020年初步构建工业互联网标识解析体系，建设一批面向行业或区域的标识解析二级节点以及公共递归节点，制定并完善标识注册和解析等管理办法，标识注册量超过20亿。2019年12月工信部发布《工业互联网企业网络安全分类分级指南(试行)》将工业互联网企业分为三类，其中标识解析系统建设运营机构是主要的工业互联网基础设施运营企业。图4-3所示为工业互联网平台功能架构图。

工业互联网是满足工业智能化发展需求，具有低时延、高可靠、广覆盖特点的关键网络基础设施，是新一代信息通信技术与先进制造业深度融合所形成的新兴业态与应用模式。工业互联网包括三大内容：网络、平台和安全，如图 4-3 所示。网络是基础，平台是核心，安全是保障。工业互联网安全是工业互联网健康发展的重要前提，包括设备安全、控制安全、网络安全、平台安全和数据安全等多个领域。

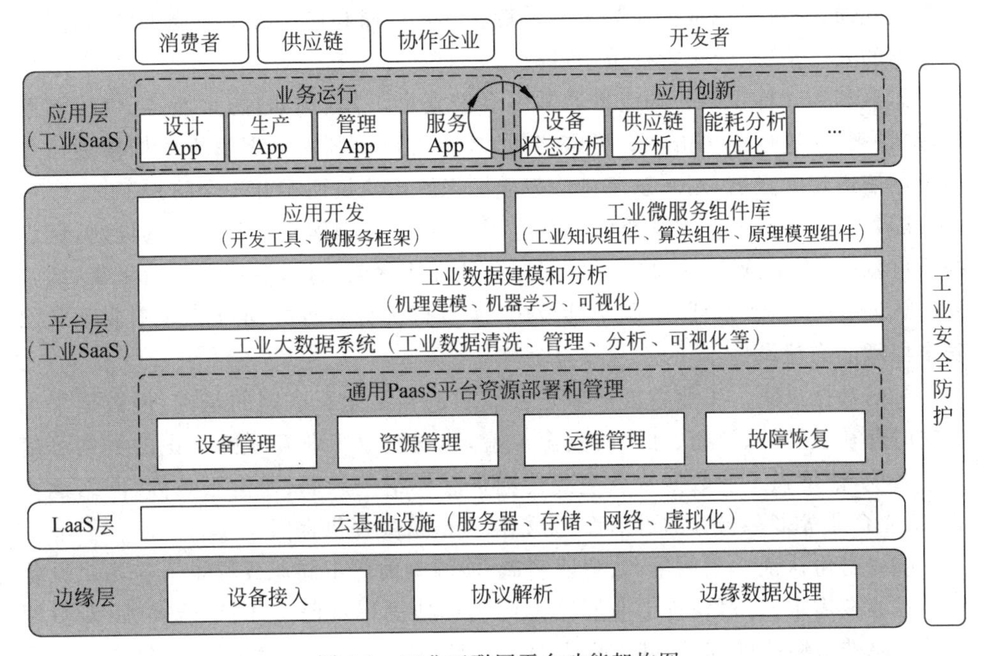

图 4-3　工业互联网平台功能架构图

随着工业互联网的快速发展，工业互联网标识数量将数以千计，并发解析请求可达千万量级，如此大量级的标识解析系统对安全保障能力提出了非常高的要求，其安全是工业互联网安全的重要建设内容[5,6]。分析工业互联网标识解析体系，其在架构、协议、运营、身份、数据、恶意利用等方面存在安全风险。

架构安全。从标识解析架构来看，客户端主机、标识解析服务器、缓存与代理服务器都有可能成为标识解析体系的脆弱点，服务器被篡改导致返回错误的标识解析结果，树形分层架构为拒绝服务攻击提供可能。

协议安全。标识解析协议的脆弱性很容易被攻击者利用监听标识解析会话进行中间人攻击，通过窃听、篡改和伪造标识解析消息的方式对标识解析系统进行攻击。攻击者也可通过递归解析服务器夹杂恶意数据进行缓存投毒攻击。

运营安全。工业互联网标识解析在运营过程中可能涉及根节点运行机构、顶级节点运行机构、二级节点服务机构、标识注册管理机构、标识注册代理机构等多种标识解析服务机构。攻击者可以滥用标识注册、非法注册、伪造标识服务机构，引发标识资源浪费、标识资源分配混乱、标识资源失信、标识解析结果失真等安全风险。

身份安全。身份是工业互联网标识解析的门户，根节点、顶级节点、二级节点、递归节点、企业节点、用户等之间做查询和解析请求时首先需要进行身份认证，不同的节点角色拥有不同的权限，任一环节出现认证问题都可能带来信任风险，导致标识数据被非法访问或不可信的解析结果。

数据安全。工业互联网标识数据中携带大量敏感隐私信息，随着工业互联网的互联互通，海量标识数据在数据的采集、传输、存储和使用等生命周期流转中，将为数据的安全治理、合规管控带来挑战。

恶意利用。标识解析的流量通常不会被安全工具（例如，防火墙、入侵检测系统等）拦截，但这也给攻击者有可乘之机，攻击者可以利用标识解析数据构建命令与控制信道建立隧道，用恶意流量伪装成标识解析流量而避开安全防护工具。

随着工业互联网标识解析的普及应用，除考虑标识解析自身安全的同时，标识的不可篡改、不可伪造、全球唯一的安全属性优势逐渐凸显，在数据可信采集、统一身份认证、安全接入认证、密码基础设施、恶意行为分析等方面可赋能工业互联网安全保障能力建设。

可信数据采集。工业数据采集是智能制造和工业互联网的基础，但数据采集传输时存在被破坏、泄露、篡改的安全风险，建立基于工业互联网标识的数据可信采集系统，能增强工业数据从产生到传输贯穿模组生产商、通信服务商、网络运营商、工业企业等多参与方的可信性，为数据可信采集提供保障。

统一身份认证。工业生产、智能制造、能源电力等不同业务场景下应用对设备都存在鉴权需求，针对现有工业互联网应用单独进行身份认证、不能互通、对数据开放共享造成障碍的问题，基于标识的工业互联网应用统一身份认证，能实现多应用身份交叉互信，简化账号管理、身份认证、权限管理和审计过程，加强工业互联网应用的安全防范能力。

安全接入认证。工业互联网设备规模巨大、种类众多、质量参差不齐、缺乏统一规范，容易出现固件漏洞、恶意软件感染等问题，为缓解工业互联网设备带来的安全风险，利用标识，结合可信计算和密码技术，能为设备提供安全认证、安全连接、数据加密等端到端的安全接入认证能力。

密码基础设施。针对传统 PKI 密钥体系中，数字证书分发、管理和维护需要大量成本，在对实时性要求较高的工业互联网环境中难以部署的问题，基于标识筑建工业互联网密码基础设施，融合国家密码算法，实现密钥申请、分发、更新、销毁等全生命周期的管理，能有效保护工业互联网数据的不可抵赖性、完整性和保密性，实现对工业互联网敏感信息的防护控制。

恶意行为分析。通过提取工业互联网标识解析体系网络行为的流量特征，进行网络测量、网络行为分析，针对的网络行为包括但不限于注册（分配）、解析、数据更新（配置）、数据管理、同步等。充分利用先验知识、机器学习方法从流量中进行挖掘，可支持典型工业互联网标识解析体系的异常网络行为检测、恶意行为发现等。

在工业互联网中,对用户和设备进行可靠身份认证是必不可少的。没有可靠的身份,攻击者就可越过网络及现实的边界。这样的攻击目前正在发生。随着众多物联网技术的应用,这些攻击的影响不仅仅限于智能家庭或联网汽车,同时延伸到工业自动化、医疗保健以及其他各个领域。

依托我国工业互联网建设优势,加速战略布局,夺取战略高地,探索完善工业互联网体系建设、加固工业互联网安全体系架构、标识赋能工业互联网安全保障能力建设的发展思路,以期取得国际领先地位。

加强工业互联网数据可信采集、统一身份认证、安全接入认证、密码基础设施、恶意行为分析、资源安全治理、攻击归因溯源、态势感知、资源测绘等安全保障能力建设技术研究和安全科技创新应用。充分发挥我国工业互联网建设的领先优势,整合相关行业资源,赋能工业互联网安全的应用生态新模式,助力基于工业互联网安全能力建设。

4.3 大数据系统隐私保护关键技术

伴随着当代社会互联网技术的飞速发展,整个社会也进入了大数据时代。不论人们承认与否,我们的个人数据正在不经意间被动地被企业、个人进行搜集并使用。个人数据的网络化和透明化已经成为不可阻挡的大趋势。这些用户数据对企业来说是珍贵的资源,因为他们可以通过数据挖掘和机器学习从中获得大量有价值的信息。与此同时,用户数据亦是危险的“潘多拉之盒”,数据一旦泄露,用户的隐私将被侵犯。在智能制造这一环境中,其系统本身不仅能够在实践中不断地充实知识库,而且其还具有自学习功能,此外,还具有搜集与理解环境信息和自身的信息,并且进行分析判断和规划自身能力的行为,所以在这一环境下,大数据系统的隐私保护工作就显得尤为重要[14]。

4.3.1 大数据系统隐私保护概述

一个隐私保护系统包括各种参与者角色(participation role)、匿名化操作(anonymization operation)与数据状态(data status),它们之间的关系如图4-4所示。在隐私保护的研究中,有4个数据参与者角色。

数据生成者(data generator):指那些生成原始数据的个体或组织,例如,病人的医疗记录、客户的银行交易业务。他们以某种方式主动提供数据(如发布照片到社交网络平台)或被动提供数据给别人(如在电子商务、电子支付系统中留下个人的信用卡交易记录等)。

数据管理者(data curator):指那些收集、存储、掌握、发布数据的个人或组织。

数据使用者(data user):指为了各种目的对发布的数据集进行访问的用户。

数据攻击者(data attacker):指那些为了善意或恶意的目的从发布的数据集

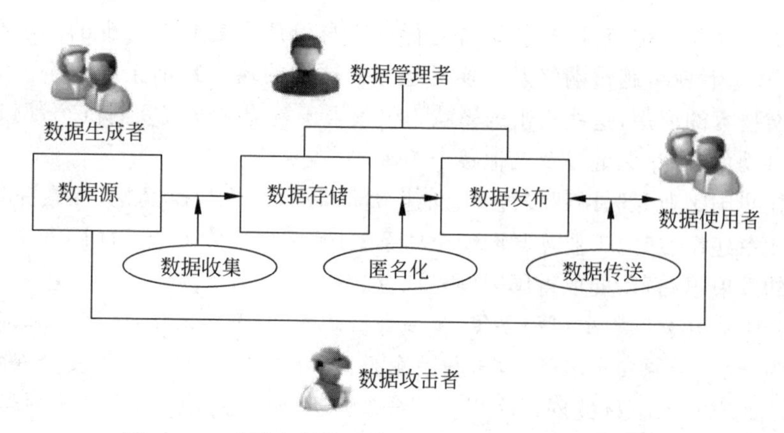

图 4-4　一个隐私保护系统中的数据参与角色及其操作

中企图获取更多信息的人。数据攻击者是一种特殊类型的数据使用者。

在大数据系统中隐私保护技术方面，隐私保护的研究领域主要关注基于数据失真的技术、基于数据加密的技术和基于限制发布的技术。

基于数据失真的技术，主要通过添加噪音等方法，使敏感数据失真但同时保持某些数据或数据属性不变，仍然可以保持某些统计方面的性质。第一种是随机化，即对原始数据加入随机噪声，然后发布扰动后数据的方法；第二种是阻塞与凝聚，阻塞是指不发布某些特定数据的方法，凝聚是指原始数据记录分组存储统计信息的方法；第三种是差分隐私保护。

基于数据加密的技术，采用加密技术在数据挖掘过程中隐藏敏感数据的方法，包括安全多方计算(secure multi-party computation，SMC)，即使两个或多个站点通过某种协议完成计算后，每一方都只知道自己的输入数据和所有数据计算后的最终结果；还包括分布式匿名化，即保证站点数据隐私、收集足够的信息实现利用率尽量大的数据匿名。

基于限制发布的技术，有选择地发布原始数据、不发布或者发布精度较低的敏感数据，实现隐私保护。当前这类技术的研究集中于数据匿名化，保证对敏感数据及隐私的披露风险在可容忍范围内。包括 K-Anonymity、L-Diversity、T-Closeness 等[15]。

最早被广泛认同的隐私保护模型是 K-匿名，由 Samarati 和 Sweeney 在 1998 年提出，作者正是马萨诸塞州医疗数据隐私泄露事件的攻击者。为应对去匿名化攻击，K-匿名要求发布的数据中每一条记录都要与其他至少 k-1 条记录不可区分(称为一个等价类)。当攻击者获得 K-匿名处理后的数据时，将至少得到 k 个不同人的记录，进而无法做出准确的判断。参数 k 表示隐私保护的强度，k 值越大，隐私保护的强度越强，但丢失的信息更多，数据的可用性越低。

上述隐私保护模型依然有缺陷，需要不断地被改进，但同时又有新的攻击方法出现，使得基于 K-匿名的传统隐私保护模型陷入这样一个无休止的循环中。差分隐私(differential privacy，DP)是微软研究院的 Dwork 在 2006 年提出的一种新的隐私保护模型。该方法能够解决传统隐私保护模型的两大缺陷：①定义了一个相当严格的攻击模型，不关心攻击者拥有多少背景知识，即使攻击者已掌握除某一条记录之外的所有记录信息（即最大背景知识假设），该记录的隐私也无法被披露；②对隐私保护水平给出了严谨的定义和量化评估方法。正是由于差分隐私的诸多优势，使其一出现便迅速取代传统隐私保护模型，成为当前隐私研究的热点，并引起了理论计算机科学、数据库、数据挖掘和机器学习等多个领域的关注。

4.3.2 隐私保护常用算法简介

1. K-匿名（K-Anonymity）算法

在大数据的时代，很多机构需要面向公众或研究者发布其收集的数据，如医疗数据，地区政务数据等。这些数据中往往包含了个人用户或企业用户的隐私数据，这要求发布机构在发布前对数据进行脱敏处理。K匿名算法是比较通用的一种数据脱敏方法。

K-匿名（K-Anonymity）是Samarati和Sweeney在1998年提出的技术，该技术可以保证存储在发布数据集中的每条个体记录对于敏感属性不能与其他的k-1个个体相区分，即K-匿名机制要求同一个准标识符至少要有k条记录，因此观察者无法通过准标识符连接记录。

K-匿名的具体使用如下：隐私数据脱敏的第一步通常是对所有标识符列进行移除或是脱敏处理，使得攻击者无法直接标识用户。但是攻击者还是有可能通过多个准标识列的属性值识别到个人。攻击者可能通过包含个人信息（如知道某个人的邮编，生日，性别等）的开放数据库获得特定个人的准标识列属性值，并与大数据平台数据进行匹配，从而得到特定个人的敏感信息。为了避免这种情况的发生，通常也需要对准标识列进行脱敏处理，如数据泛化等。数据泛化是将准标识列的数据替换为语义一致但更通用的数据。

K-匿名技术能保证以下三点：①攻击者无法知道某特定个人是否在公开的数据中；②给定一个人攻击者无法确认他是否有某项敏感属性；③攻击者无法确认某条数据对应的是哪个人。但从另外一个角度来看，K-匿名技术虽然可以阻止身份信息的公开，但无法防止属性信息的公开，导致其无法抵抗同质攻击，背景知识攻击，补充数据攻击等情况。

K-匿名算法存在着一些攻击方式：①同质化攻击：某个K-匿名组内对应的敏感属性的值也完全相同，这使得攻击者可以轻易获取想要的信息。②背景知识攻击：即使K-匿名组内的敏感属性值并不相同，攻击者也有可能依据其已有的背景知识以高概率获取到其隐私信息。③未排序匹配攻击：当公开的数据记录和原始记录的顺序一样的时候，攻击者可以猜出匿名化的记录是属于谁。例如如果攻击者知道在数据中小明是排在小白前面，那么他就可以确认，小明的购买偏好是电子产品，小白是家用电器。解决方法也很简单，在公开数据之前先打乱原始数据的顺序就可以避免这类的攻击。④补充数据攻击：假如公开的数据有多种类型，如果它们的 K-Anonymity 方法不同，那么攻击者可以通过关联多种数据推测用户信息[16]。

2. L-Diversity 算法

美国康奈尔大学的 Machanavajjhala 等人在 2006 年发现了 K-匿名的缺陷，即没有对敏感属性做任何约束，攻击者可以利用背景知识攻击、再识别攻击和一致性攻击等方法来确认敏感数据与个人的关系，导致隐私泄露。例如，攻击者获得的 K-匿名化的数据，如果被攻击者所在的等价类中都是艾滋病病人，那么攻击者很容易做出被攻击者肯定患有艾滋病的判断（上述就是一致性攻击的原理）。为了防止一致性攻击，新的隐私保护模型 L-Diversity 改进了 K-匿名，保证任意一个等价类中的敏感属性都至少有 l 个不同的值。T-Closeness 在 L-Diversity 的基础上，要求所有等价类中敏感属性的分布尽量接近该属性的全局分布。(a,k)-匿名原则，则在 K-匿名的基础上，进一步保证每一个等价类中与任意一个敏感属性值相关记录的百分比不高于 a。如果一个等价类里的敏感属性至少有 L 个“良表示”（well-represented）的取值，则称该等价类具有 L-Diversity。如果一个数据表里的所有等价类都具有 L-Diversity，则称该表具有 L-Diversity。

3. T-Closeness 算法

T-Closeness 认为，在数据表公开前，观察者有对于客户敏感属性的先验信念（prior belief），数据表公开后观察者获得了后验信念（posterior belief）。这二者之间的差别就是观察者获得的信息（information gain）。T-Closeness 将信息获得又分为两部分：关于整体的和关于特定个体的。

首先考虑如下思想实验。

记观察者的先验信念为 B_0，我们先发布一个抹去准标识符信息的数据表，这个表中敏感属性的分布记为 Q，根据 Q，观察者得到了 B_1；然后发布含有准标识符信息的数据表，那么观察者可以由准标识符识别特定个体所在等价类，并可以得到该等价类中敏感属性的分布 P，根据 P，观察者得到了 B_2。

L-Diversity 其实就是限制 B_2 与 B_0 之间的区别。然而，我们发布数据是因为数据有价值，这个价值就是数据整体的分布规律，可以用 B_0 与 B_1 之间的差别表示。二者差别越大，表明数据的价值越大，这一部分不应被限制。也即整体的分布 Q 应该被公开。因为这正是数据的价值所在。而 B_1 与 B_2 之间的差别，就是我们需要保护的隐私信息，应该被尽可能限制。

T-Closeness 通过限制 P 与 Q 的距离来限制 B_1 与 B_2 的区别。其认为如果 $P=Q$，那么应有 $B_1=B_2$。P、Q 越近，B_1、B_2 也应越近。

如果等价类 E 中的敏感属性取值分布与整张表中该敏感属性的分布的距离不超过阈值 t，则称 E 满足 T-Closeness。如果数据表中所有等价类都满足 T-Closeness，则称该表满足 T-Closeness。

4. 差分隐私算法

差分隐私,英文名为 differential privacy,顾名思义,保护的是数据源中一点微小的改动导致的隐私泄露问题。图 4-5 为差分隐私处理流程框架。

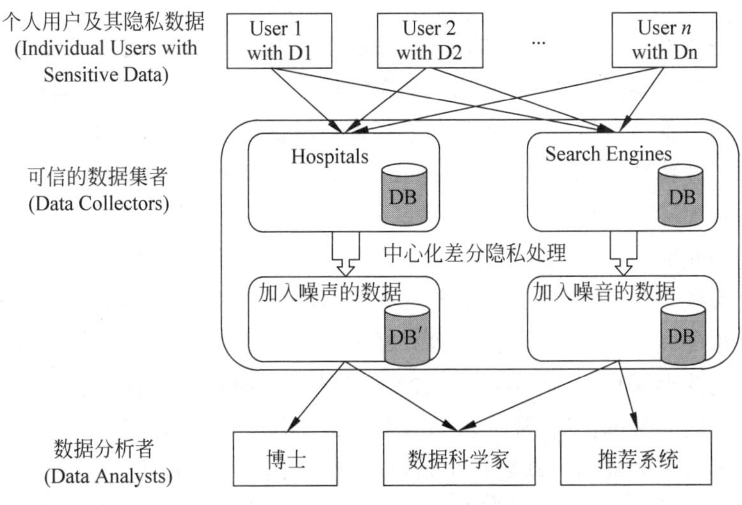

图 4-5　差分隐私处理框架流程

1）关键性概念

（1）查询：对数据集 D 的各种映射函数被定义为查询(Query),用 $F=\{f_1, f_2,\cdots\}$来表示一组查询。

（2）邻近数据集(兄弟数据集)：设数据集 D 与 D',具有相同的属性结构,两者对称差记作 $D\Delta D'$,$|D\Delta D'|$表示对称差的数量。若$|D\Delta D'|=1$,则称 D 和 D'为邻近数据集(又称兄弟数据集)。例如,设集合 $D=\{1,2,3,4,5,6\}$,$D'=\{1,2,4,6\}$,则 $D\Delta D'=\{3,5\}$,$|D\Delta D'|=2$。

（3）敏感度。①全局敏感度：对于一个查询函数 $f: D\rightarrow R^d$,其中 D 为一个数据集；R^d 为 d 维实数向量,是查询的返回结果。在任意一对邻近数据集 D 和 D'上的全局敏感度为：$GS_{f(D)}=\max\|f_{(D)}-f_{(D')}\|$。注意：a. $\|f_{(D)}-f_{(D')}\|$是 $f_{(D)}$和 $f_{(D')}$之间的曼哈顿距离；b. 全局敏感度与数据集无关,只与查询结果有关。②局部敏感度：对于一个查询函数 $f: D\rightarrow R^d$,其中 D 为一个数据集；R^d 为 d 维实数向量,是查询的返回结果。对于给定的数据集 D 和它的任意邻近数据集 D',有 f 在 D 上的局部敏感度为 $LS_{f(D)}=\max\|f_{(D)}-f_{(D')}\|$。全局敏感度和局部敏感度的关系为 $GS_{f(D)}=\max(LS_{f(D)})$。

2）模型描述

设有随机算法 M,P_M 为 M 所有可能输出构成的集合的概率,对于任意两个邻近数据集 D 与 D'以及 P_M 的任意子集 S_M,若算法 M 满足：

$P[M(D)\in S_M]\leqslant e^{\varepsilon}\times P[M(D')\in S_M]$,则称算法 M 提供 ε-差分隐私保护。

注意：①ε 越小，隐私保密度越高；②ε 越大，数据可用性越高（保密度越低）；③ε=0 时，M 针对 D 与 D' 的输出概率完全相同。

4.3.3 面向聚类的隐私保护方案

为了防止微数据敏感性值的泄露，数据隐藏的主要思想是通过修改微数据部分（或全部）数值，尽量避免数据记录中属性值之间出现一对一的映射模式，以降低可能存在的逆推猜测风险，这就要求隐藏策略尽量保留数据个体间的共性，弱化个体记录的个性特征。如基于限制发布技术的 K-匿名隐藏策略，通过限制所发布的每条记录在准标识符属性上与至少 k-1 条记录的准标识符属性相同，破坏属性值间的一对一映射关系，防止敏感微数据值的泄露；而聚类分析的目标是将数据集分成若干聚簇，同一聚簇内数据对象具有较高的相似性，不同聚簇间的数据对象具有较高的相异性，隐藏中如果仅保留数据记录的共性，则隐藏后数据聚类后所得聚簇划分可能变得模糊，从而导致错误的聚类结果。因此，面向聚类的数据隐藏中，在保持微数据共性的同时，还应保持微数据关于聚类的个性特征。

在基于数据失真的扰动隐藏中，合成数据替换技术采用人工合成数据（通常采用某数据分组的统计信息）对数据表中的个体数据进行置换，由于合成数据并不存在于原数据表中，这种方法往往能获得较好的隐私保护安全性，同时聚类与数据表全局和局部的统计信息也密切相关，选取合适的数据统计信息有利于聚类可用性的维护。考虑分析共性数据记录和个性数据记录特征与其邻域均值的关系，用合适的邻域数据记录均值替换共性数据记录与个性数据记录的各属性取值，实现对数据记录隐藏操作的同时对聚类的共性特征和个性特征的保持。

4.3.4 隐私保护技术部署案例分析

蚂蚁集团（以下简称蚂蚁）提出的“共享智能”，是一项保障用户隐私安全同时打破数据孤岛的技术，确保多方数据拿不走、看不见、用得好。在 2016 年，蚂蚁就致力于“共享智能”技术的研发，已经在蚂蚁内部及合作伙伴方的智能信贷、智能风控等业务领域中率先应用。图 4-6 为共享智能解决的问题和涉及的技术。

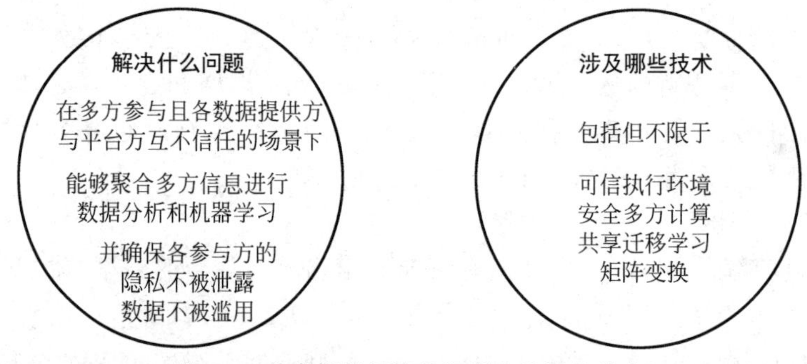

图 4-6 共享智能解决的问题和涉及的技术

1. “共享智能”的四大基石性研究方向

(1) 可信执行环境：侧重解决计算过程中的数据安全问题。

(2) 差分隐私：侧重保护计算结果里的隐私泄露。

(3) 联邦学习：擅长解决大数据孤岛带来的人工智能算法收敛性及效率问题。

(4) 多方安全计算：侧重解决在无可信第三方情况下的协同计算问题。

2. “共享智能”的两大解决方案

(1) 基于TEE的“共享智能”：按传统思路，当有多个数据提供方想进行数据共享时，为了解决彼此不信任的问题，往往大家会找一个共同信任的第三方平台，把所有数据汇总到这个可信第三方平台上进行融合和计算。但是问题在于，在传统技术下，由于第三方平台上的管理员会拥有超级权限，这往往会使得数据提供方心存疑虑，担心第三方平台自身或者其员工，利用超级权限拿走数据。于是，利用一个可信硬件(TEE)来充当这个可信的第三方就成了一种可能的选择。基于TEE的方案可以做中心化部署，用户的接入成本是比较低。

(2) 基于MPC的“共享智能”：基于TEE的“共享智能”方案，由于是集中式训练，所以与数据的分布形式无关，而基于MPC的“共享智能”方案已被应用于蚂蚁多个联合建模业务的全链路之中。多方联合建模的全链路通常包括了数据对齐(即隐私求交)，特征分析(如共线性检验)，特征处理(如缺失值填充)，模型训练及预测。在整个链接中，参与方的隐私数据始终由各自保留，蚂蚁“共享智能”在每方部署一个计算模块，同时，多方通过计算模块交互密态的数据来完成数据分析及模型的训练/预测。基于MPC的方案，相关的安全技术对用户来说是透明的，给用户的安全体感强。

习题

1. 降低安全泄露风险的常用技术及角度有哪些？

2. 大数据面临了哪些安全风险？

3. 身份认证技术的作用是什么？

4. 常用的身份认证技术有哪些？

5. 实践：走访市场了解当今流行的身份认证产品型号、性能、应用范围、使用方法和价格。

6. 在大数据系统的背景下，企业和用户的隐私保护主要体现在哪几个方面？

7. 隐私保护的关键技术都有哪几种？做简要阐述。

参考文献

[1] 冯登国. 大数据安全与隐私保护[M]. 北京：清华大学出版社，2018.

[2] IBM. 2020年数据泄露成本报告[EB/OL]. 2020-07.

[3] 冯登国,张敏,李昊.大数据安全与隐私保护[J].计算机学报,2014,37(1):246-258.

[4] 徐乐西,叶海纳.大数据安全及隐私保护浅析.通信大数据分析及应用,2016.

[5] 袁齐.网络空间可信身份管理关键技术研究[D].成都:电子科技大学,2017.

[6] 陈伟,吴刚,祁志敏.浅析我国网络信息安全保险体系的建立与发展[A].公安部第三研究所信息网络安全2016增刊[C].公安部第三研究所:《信息网络安全》北京编辑部,2016:4.

[7] 赵思慧.基于个体声纹挑战的身份认证系统的实现与验证[D].西安:西安电子科技大学,2017.

[8] 孙冬梅,裘正定.生物特征识别技术综述[J].电子学报,2001(S1):1744-1748.

[9] 侍伟敏.PKI、IBE关键技术的研究及应用[D].北京:北京邮电大学,2006.

[10] 张晓宇.虹膜识别技术及在身份识别中的应用[D].呼和浩特:内蒙古大学,2010.

[11] 王毓娜.基于人脸识别的网络身份认证研究[D].杭州:杭州电子科技大学,2016.

[12] WANG R, HE J, LIU C, et al. A privacy-aware pki system based on permissioned blockchains [C]//2018 IEEE 9th International Conference on Software Engineering and Service Science (ICSESS). 2018: 928-931.

[13] 张青禾.区块链中的身份识别和访问控制技术研究[D].北京:北京交通大学,2018.

[14] 郭青霄.Fabric中的身份隐私和数据隐私保护技术研究[D].北京:北京交通大学,2019.

[15] 陈性元,高元照,唐慧林,等.大数据安全技术研究进展[J].中国科学:信息科学,2020,50(1):25-66.

[16] 康茜,晏慧,雷建云.基于数据隐私保护的(L,K,d)算法[J].中南民族大学学报(自然科学版),2020,39(5):517-523.

[17] 牛鑫.基于多样性聚类的个性化隐私保护技术研究与应用[D].东华大学,2019.

第5章

工业控制系统信息安全技术

5.1 工业控制系统信息安全概述

工业控制系统(industrial control system,ICS)是指包括监控采集数据系统和分布控制系统等多种类型控制系统的总称。随着互联网的不断发展,导致信息化和工业化的高度融合,各系统之间的互联已经成为信息化发展的必然趋势,因此工业控制系统所面临的威胁也正在与日俱增[1]。与传统的信息系统有所不同,它不仅仅面临着传统的网络攻击,由于其本身结构上的特殊性,在物理层面也同样会有一些具有针对性的攻击方法存在。

作为社会正常运行的必要基础设施,工业控制系统作为被广泛应用于电力、石油、天然气、航空、铁路、交通、城市管理等多个社会行业的核心设施,对其安全性的考量也正在逐步得到重视,从受到攻击的后果来看,其严重性不亚于任何一个传统信息系统,因此我们需要从多个角度,全方位地建立深层次的防护体系,以保证控制系统长时间安全地运行。工业控制系统网络图如图5-1所示[2]。

图5-1 工业控制系统网络图

5.1.1 常见的攻击方法

从造成ICS资产损失的原因来看，主要可以分为五大类，分别是：第一，环境威胁，如供电，恶劣天气，火灾，地震，台风等不可控因素；第二，内部失误威胁，如人员失误操作，软件故障，硬件老化等；第三，内部恶意威胁，如非法授权，蓄意破坏，恶意窃听等；第四，外部攻击，如常规网络攻击方法，信息战等；第五，第三方攻击，如系统漏洞，后门等。威胁分布图如5-2所示。

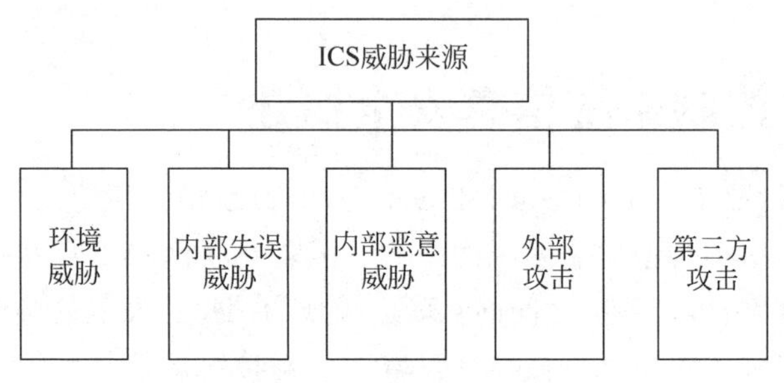

图5-2 威胁来源分布图

从威胁来源来看，其中第一类、第二类、第三类和第五类都是不可控的，需要综合考量各种因素，如工业控制系统的人员管理，操作系统选择，工业控制系统位置选取等，外部人员针对ICS的攻击主要是通过网络攻击的方式来实现的。与传统的信息系统CIA(机密性、完整性和可用性)原则不同，工业控制系统的安全重要性是AIC，即可用性大于完整性大于机密性，另外针对某个具体的工业系统，由于其内部结构和网络拓扑结构的不同，也有着针对性的攻击方法，是多步骤多技术方法的融合[3]。下面介绍一些具有代表性的攻击方法。

1. 重放攻击

重放攻击(replay attacks)是指攻击者利用网络监听或者其他一系列盗取认证凭证的方式来获取认证凭证，再将认证凭证发送给目的主机以达到欺骗系统的目的。这一过程主要用于身份认证过程，其过程相对简单，但由于获取认证凭证手段的多样化，重放攻击还是相对比较难预防，重放攻击如下图5-3所示。

如图5-3所示，攻击者通过网络窃听获取了认证信息“Hello，Alice”，再重复的发送给目标服务器Alice，这样就达到了欺骗目的主机的目的。

2. 中间人攻击

与前面的重放攻击有所不同，中间人攻击(man-in-the-middle attack)是一种间接的入侵方式，攻击者需要在通信者双方完成通信前截取其通信信息，并完成报文的修改，最后将修改后的报文结构发送给接收者，攻击者是知道如何解密通信报文的，对于通信双方而言，攻击者是完全透明的，通信双方并不知晓其通信报文已经被修改。因此，这种攻击方式的危害性是极具破坏性的。中间人攻击如图5-4所示。

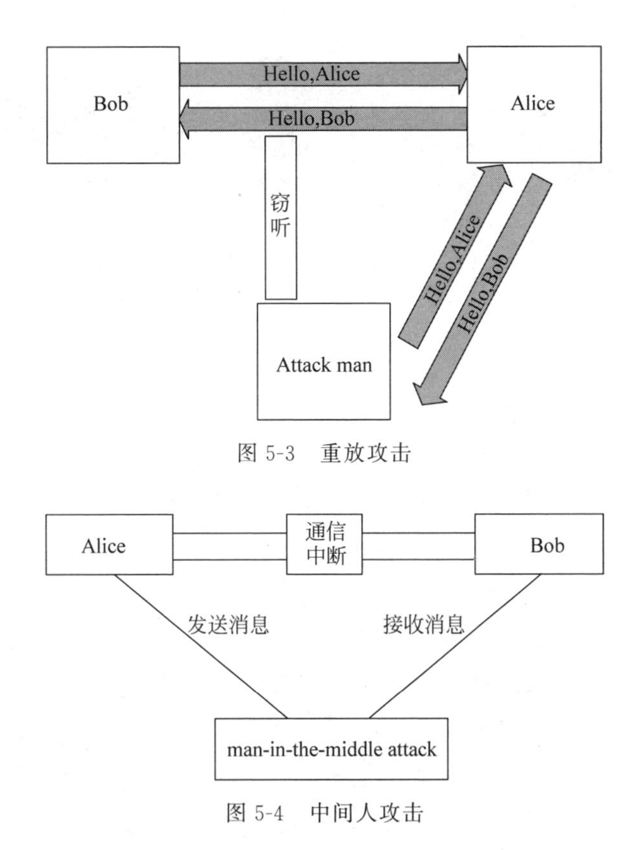

图 5-3　重放攻击

图 5-4　中间人攻击

常见的中间人攻击包括但不限于：DNS 欺骗，通过将目标域名修改为其他主机的 IP 从而伪造身份进行访问；会话劫持，如通过利用 TCP/IP 协议漏洞机制进行中间人攻击；代理服务器攻击，将目标主机的响应报文发送给源主机，达到窃取报文的目的等。目前通用的解决方法是采用加密通信的方式来防止中间人攻击，如将 HTTP 协议改为 HTTPS 协议，FTP 协议改为 FTPS 协议等。

3. 远程修改 RTU 逻辑

远程终端单元(remote terminal unit，RTU)是用于控制 PLC 的远程操作单元，这种攻击方式主要是针对控制系统的可用性来进行攻击。但通常情况下，网络拓扑结构中 RTU 的位置是位于局域网中的，因此，如果要修改 RTU 逻辑的话，需要伪装成合法流量，绕过防火墙，之后才能够顺利修改 RTU 逻辑。远程修改 RTU 逻辑如图 5-5 所示。

4. DoS 攻击

拒绝服务(Denial of Service，DoS)攻击是一种针对设备可用性的，广泛应用于各种网络服务器的攻击方式。其主要是针对服务器设备有限资源，进行大量的连接服务请求，导致服务器不能够提供相应的正常服务。这些请求中，大多都是非法请求，只是在一味的消耗服务器资源，而并非想要获得正常服务，因此服务器可以

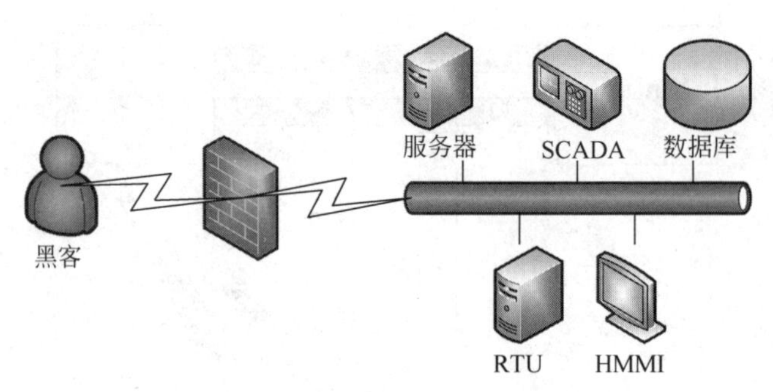

图 5-5 远程修改 RTU 逻辑

针对这类攻击设定特定的防火墙，通过这些流量的特征，自动地拦截非法流量，以达到限流的目的，从而避免攻击。常见的 DoS 攻击包括但不限于 SYN Flood（如图 5-6 所示），PingDeath，TearDrop，UDPflood，LandAttack 等。通常服务器可以采用防火墙技术以及入侵检测技术来预防 DoS 攻击，通过访问用户的流量特征来对用户身份进行审查，审查通过的用户才能够进行访问，反之不能。

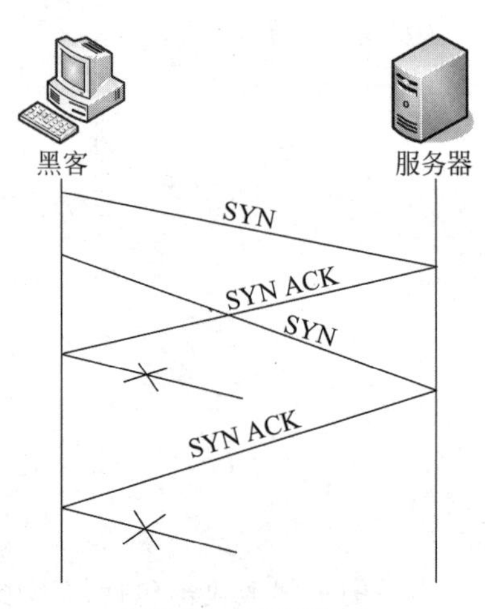

图 5-6 SYN Flood

5. SQL 注入攻击

SQL 注入攻击定义为：攻击者通过在查询操作中插入一系列的 SQL 语句到应用程序中来操作数据，其重要特征是从一个数据库中获取未经授权的访问和直接检索。其本质是利用 Web 应用程序中所输入的 SQL 语句的语法处理，针对的是 Web 应用程序开发者编程过程中未对 SQL 语句传入的参数做出严格的检查和处理。习惯上将存在 SQL 注入点的程序或者网站称为 SQL 注入漏洞。

6. 端口扫描

端口扫描是一项探测服务器对外开放哪些服务的技术，攻击者通常是将其作为信息收集的必要手段。攻击者通过向目标主机的服务端口发送探测数据包，并记录目标主机的响应情况，进而来判断服务端口是打开还是关闭，这样就可以得知端口具体提供的服务或者信息了。同样攻击者也可以捕获服务器流入流出的数据，来监视服务器的运行情况，进而收集服务器运行信息，方便进一步的网络攻击。

端口扫描的主要技术包含 TCP connect 扫描，TCP SYN 扫描，TCP FIN 扫描，TCP ACK 扫描，IP 段扫描，TCP 反向 ident 扫描以及窗口扫描等技术，对于不同的服务器应当采取不同的扫描技术，扫描的效果也会因为不同的服务器有所区别。

通常服务器可以通过关闭闲置以及有潜在危险的端口，利用防火墙屏蔽带有扫描症状的端口来防止黑客的端口扫描攻击。具体来说就是利用防火墙检查每一个到达本地计算机的数据包，通过对数据包的流量特征分析，拒绝一些危险流量进入到本地服务器，从而达到防范端口扫描的目的。

5.1.2　工业控制系统的安全事件

伴随着网络空间与物理空间的逐步深度融合，网络空间问题对于现实的影响也在日益变得严峻起来。工业控制系统作为社会正常运行的必要基石，其重要性不言而喻，然而网络空间中充斥着各种不确定因素，对于这些工业控制系统有着致命的威胁。截止到 2018 年 12 月，全球暴露在互联网上的工业控制系统设备数量已经超过了四万个，涉及各个行业如能源、交通、教育、医疗等，但每年工业控制系统的安全事故却在不断升高，如图 5-7 所示，是 2010 年到 2019 年十年之间报告的安全事故。自从 2015 年起，每年的安全事故都在不断攀升，因此工业控制系统的安全性防护已经迫在眉睫了。下面列举一些典型的安全性事故[5]。

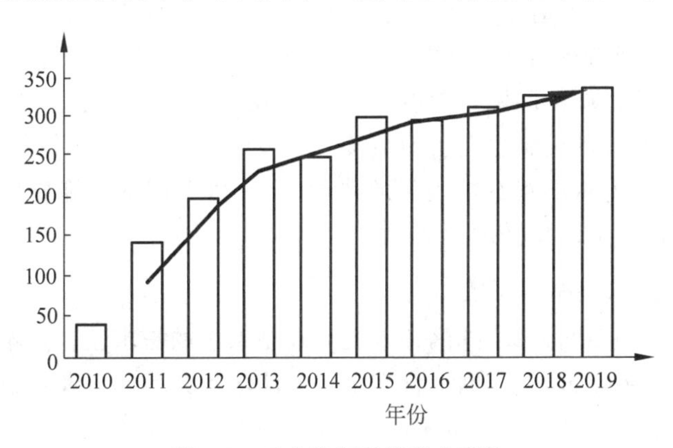

图 5-7　工业控制系统安全事件

1. 美国 Davis-Besse 核电站受到 Slammer 蠕虫攻击事件

2003 年 1 月，美国俄亥俄州的 Davis-Besse 核电站以及相关电力设施受到了 SQL Slammer 蠕虫病毒的攻击，网络吞吐量极具提升，导致核电站计算机处理速度缓慢，电力系统数个小时内无法恢复正常工作。

2. Duqu 病毒来袭

Duqu 病毒首次于 2011 年 10 月被发现，与震网病毒有所不同，该类病毒并不会针对系统的可用性进行攻击，相反，它的主要目的是为私密信息的窃取提供便利。有研究指出，该类病毒更多是潜伏并收集攻击目标的各种信息，以供袭击时使用。

3. Flame 病毒席卷中东国家

Flame 病毒于 2012 年 5 月被发现，是一种高度复杂的恶意程序，并被当做网络武器攻击了多个国家，并被用来执行网络间谍活动。它可以盗取重要信息，包括计算机显示信息、系统信息、存储文件、联系人数据以及音视频文件。值得一提的是该病毒程序与普通的病毒程序相比，体量更加巨大，但是却更加难以发现。

4. 波兰航空公司操作系统遭遇黑客攻击

2015 年 6 月，波兰航空公司的地面操作系统遭到黑客袭击，导致航空系统长达 5 小时的系统瘫痪，十余次航班被取消，超过 1400 名旅客滞留。

5.1.3 工业控制系统的脆弱性

根据工业控制系统的拓扑结构和主要威胁来源，可以分析出 ICS 的脆弱性主要集中在三个方面[6]，分别是策略和规定方面、平台方面以及网络方面。具体体现在平台漏洞、管理漏洞和协议漏洞等，针对不同的漏洞需要有针对性地制定相关策略。工业控制系统的脆弱性体现如下。

1. 通用的网络安全体系结构

由于业务和运行的需求，网络设备拓扑结构经常会发生变化，在变化和修改的过程中没有考虑到潜在的安全漏洞。没有针对性的网络结构来适应相关工业控制系统，在一些基础设施的间隙容易受到特定的攻击。此外由于互联网的不断发展和业务需求，一些基础设施也在不断被接入互联网，尽管这些设备对于用户的身份认证都十分严格，但依旧存在被入侵的风险，同时由于基础设施应用的广泛性，一旦被入侵则会造成无法挽回的后果。

2. 不成熟的入侵检测系统

随着互联网的不断发展，外网接入工业控制系统的需求正在逐渐增加，但相关的安全措施还并不完善，互联网上存在一些非法流量会访问工业控制系统，这些非法流量中有许多存在安全威胁的流量，目前主流的入侵检测系统都是通过一些机器学习算法来实现的，但机器学习算法只能够学习到一些以前攻击样本的特征，对于一些新型入侵样本和一些比较特殊的样本的特征并不能有效地学习到，因此会导致系统不能百分之百地做到安全。此外，由于机器学习算法局限性，准确度高的同时势必会造成召回率低，这就会导致一些合法的流量受到误判，会极大地降低基础设施管理员用户的用户体验。因此必须完善相关的入侵检测机制，防止非法流量的访问，或者设立相关防火墙，避免遭受入侵。

3. 相关报文的明文传输

目前仍然有相当多的系统，对于非密码类的报文以明文形式传输，以明文方式在传输媒介上传送信息是相当容易被监听的。尽管通过这些报文没法直接授权访问 ICS，但它能够获取一些必要的系统信息，用于攻击前期的信息收集，为攻击系统做准备工作。目前仍然有很多的政务网站和基础设施网站采用 HTTP 或者 FTP 协议来明文传输报文，这样很容易受到中间者攻击，相关部门应该尽早将

HTTP 和 FTP 协议的内容改为更安全地 HTTPS 和 FTPS 来传输，避免受到攻击的可能。

4. 没有完整性检测

完整性检验是指对报文做 Hash 校验，查看报文是否在传输途中被黑客修改。但大多数工业控制系统的控制协议中，没有给出完整性检测的流程，一些黑客可以修改这些没有经过完整性检测的报文，以达到攻击的效果。

5. 管理经验不完善

国内相关管理经验不完善，缺少相关安全管理标准和参考文献，国外则有相对较多的成文的管理条例，国内应该不断吸取国内外优秀经验，同时工业控制系统应该能够追踪事件记录，责任到人等。在一些较为重要的基础部门通常的问题是内部人员，而非外部因素，因此对于不同个人权限应该加以区分，对于一些特别重要的权限应该慎重考虑加以制衡。

5.2 工业控制系统防火墙技术简介

工业控制系统是由各种自动化控制组件以及对实时数据进行采集、监测的过程控制组件，共同构成的确保工业基础设施自动化运行、过程控制与监控的业务流程管控系统。其核心组件包括数据采集与监视控制系统(SCADA)、过程控制系统(PCS)、分布式控制系统(DCS)、可编程逻辑控制器(PLC)、远程终端(RTU)、智能电子设备(TED)，以及确保各组件通信的接口技术。来自商业网络、因特网以及其他因素导致的网络安全问题正逐渐在控制系统及数据采集与监视控制系统中扩散，直接影响了工业稳定生产及人身安全。

工业控制系统防火墙的目的是在不同的安全域之间建立安全控制点，根据预先定义的访问控制策略和安全防护策略，解析和过滤经过工业控制防火墙的数据流，实现向被保护的安全域提供访问可控的服务请求。

5.2.1 防火墙的定义

防火墙[7]技术是通过有机结合各类用于安全管理与筛选的软件和硬件设备，帮助计算机网络与其内、外网之间构建一道相对隔绝的保护屏障，以保护用户资料与信息安全性的一种技术。它实际上是一种建立在现代通信网络技术和信息安全技术基础上的应用性安全技术、隔离技术，越来越多地应用于专用网络与公用网络的互联环境之中。工业防火墙相比于传统防火墙能更好地满足工业现场的特殊要求，主要包括以下特点。

(1) 工业防火墙不仅能解析通用协议，还能解析工业协议，可适用于 SCADA、

DCS、PLC、PCS 等工业控制系统，并广泛应用于电力、天然气、石油石化、制造业、水利、铁路、轨道交通、烟草等行业的工业控制系统中。

(2) 工业防火墙[11]相比传统防火墙具备更强的环境适应性、可靠性、稳定性和实时性。具备硬件 Bypass、冗余电源、双机热备等功能，满足工业级宽温、防尘、抗电磁、抗震、无风扇、全封闭设计等要求。

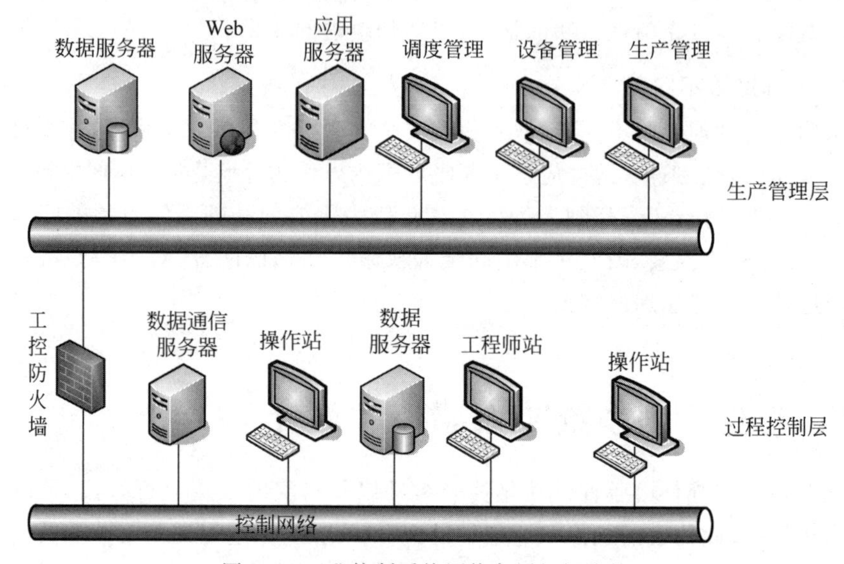

图 5-8 工业控制系统网络各层级间防护

根据防火墙主流厂商思科对防火墙的类型划分，大致可以分为以下五类。

(1) 代理防火墙。代理防火墙是一种早期的防火墙设备类型，它针对特定应用充当从一个网络到另一个网络的网关。代理服务器可以通过阻止来自网络外部的直接连接来提供其他功能(如内容缓存和安全保护)。

(2) 状态检测防火墙。状态检测防火墙普遍被视为传统防火墙，这种防火墙根据状态、端口和协议来允许或阻止流量。它从连接打开时监控所有活动，直到连接关闭。

(3) 统一威胁管理防火墙。以一种松散耦合的方式，将状态检测防火墙的功能与入侵防御和防病毒功能结合到一起。

(4) 下一代防火墙。下一代防火墙目的是阻止高级恶意软件攻击和应用层攻击等现代威胁。包含的要素有：标准的防火墙功能、集成入侵防御、应用识别和控制，查看并阻止有风险的应用、升级路径包括将来的信息源和可解决不断变化的安全威胁的技术。

(5) 专注于威胁防御的下一代防火墙。仅包含常规下一代防火墙的所有功能，而且具备高级威胁检测和补救能力。

如上述所罗列的五种防火墙技术[8]，下一代防火墙技术已经被很多现代企业采用，更加贴合智能防火墙的要求。智能防火墙是指正常程序和准确判定病毒的程序，智能防火墙不会询问用户，只有不可确定的进程有网络访问行为时，才请求用户协助的防火墙。

智能防火墙成功地解决了普遍存在的拒绝服务(DoS)攻击的问题、病毒传播问题和高级应用入侵问题，代表着防火墙的主流发展方向。

5.2.2 工业防火墙技术

1. 工业防火墙简介

工业控制防火墙和传统防火墙因其所处的环境不同而有所区别，相较而言，传统防火墙没有以下所述的特性。

(1) 传统防火墙未装载工业协议解析模块，不理解不支持工业控制协议。工业网络采用的是专用工业协议，工业协议的类别很多，有基于工业以太网(基于二层和三层)的协议，有基于串行链路(RS-232、RS-485)的协议，这些协议都需要专门的工业协议解析模块来对其进行协议过滤和解析。

(2) 传统防火墙软硬件设计架构不适应工业网络实时性和生产环境的要求。首先，工业网络环境中工业控制设备对于实时性传输反馈要求非常高，其次，工业生产对网络安全设备的环境适应性要求很高，很多工业现场甚至是无人值守的恶劣环境。因此工业控制防火墙必须具备对工业生产环境可预见性的性能支持和抗干扰水平的支持。

因此，工业控制防火墙除了传统防火墙具备的访问控制、安全域管理、网络地址转换(network address translation，NAT)等功能外，还具有专门针对工业协议的协议过滤模块和协议深度解析模块，其内置的这些模块可以在ICS环境中对各种工业协议进行识别、过滤及解析控制。

在工业网络体系中，针对部署的位置不同，工业控制防火墙[12]可以大致分为两种。

(1) 机架式工业控制防火墙。机架式防火墙一般部署于工厂的机房中，因此其规格同传统防火墙一样，大部分采用1U或2U规格的机架式设计，采用无风扇、符合IP40防护等级要求设计，用于隔离工厂与管理网或其他工厂的网络。

(2) 导轨式工业控制防火墙。导轨式防火墙大部分部署在生产环境的生产现场，因此这种防火墙大部分采用导轨式架构设计，方便地卡在导轨上而无需用螺丝固定，维护方便。同时其内部设计更加封闭与严实，内部组件之间都采用嵌入式计算主板，这种主板一般都采用一体化散热设计，超紧凑结构，内部无连线设计，板载CPU及内存芯片以免受工业生产环境的震动。

工业防火墙的应用场景主要包括以下三种。

(1) 部署于隔离管理网与控制网之间。工业防火墙控制跨层访问并深度过滤层级间的数据交换，阻止攻击者基于管理网向控制网发起攻击。如图5-9所示。

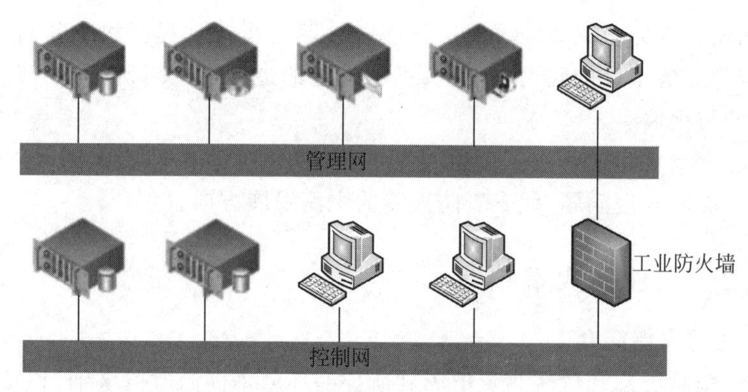

图 5-9　管理网与控制网之间

(2) 部署于控制网的不同安全区域间。工业防火墙可将控制网分成不同的安全区域,控制安全区域之间的访问,并深度过滤各区域间的流量数据,以阻止区域间安全风险的扩散。如图 5-10 所示。

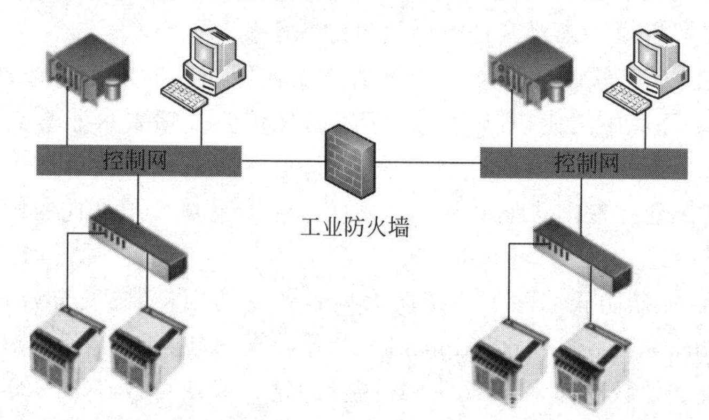

图 5-10　控制网的不同安全区域间

(3) 部署于关键设备与控制网之间。工业防火墙检测访问关键设备的 IP,阻止非业务端口的访问与非法操作指令,记录关键设备的所有访问与操作记录,实现对关键设备的安全防护与流量审计。如图 5-11 所示。

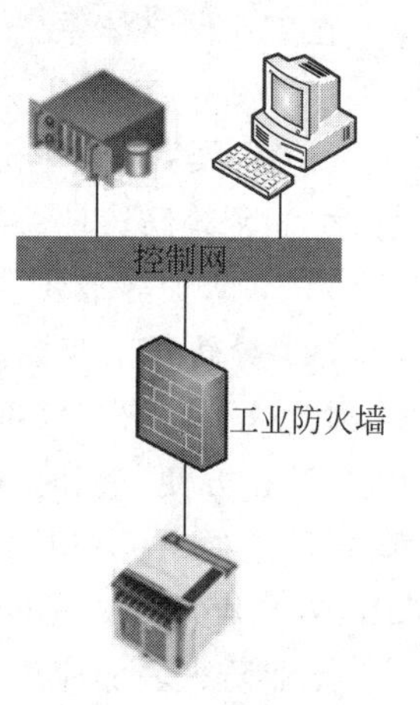

图 5-11　关键设备与控制网之间

2. 工业防火墙性能要求

工业控制系统安全目标优先级顺序其首要考虑的是所有系统部件的可用性,完整性则在第二位,保密性通常都在最后考虑。

工业控制系统信息安全隔离与信息交换产品的总体目标是抵御黑客、病毒等通过各种形式对工业控制系统发起的恶意破坏和攻击,防止由信息安全层面上引起工业控制系统故障及工业设备损坏。具体内容如下。

(1) 防止通过外部边界发起的攻击和侵入，尤其是防止由攻击导致的工业控制系统故障及设备损坏。

(2) 防止未授权用户访问系统、非法获取信息、侵入及重大的非法操作。

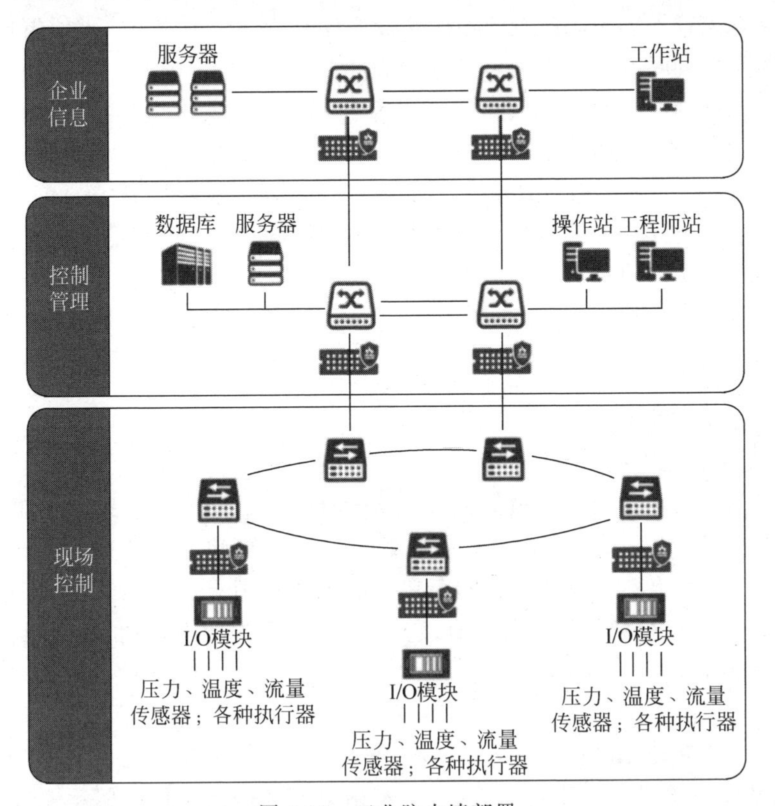

图 5-12　工业防火墙部署

工业防火墙技术要求分为安全功能要求、安全保证要求两个大类。其中，安全功能要求是对工业防火墙应具备的安全功能提出具体要求，包括网络层控制、应用层控制和安全运维管理；安全保证要求针对工业防火墙的开发和使用文档的内容提出具体的要求。产品安全功能要求主要对产品实现的功能进行了要求。主要包括网络层控制、应用层控制和安全运维管理三部分。

由于工业防火墙所处环境[13]和应用场景特殊，所以在设计时必须满足以下几点要求。

(1) 满足工业环境对硬件的要求。工业防火墙的硬件架构选择首先需要满足工业环境对硬件的要求，如无风扇、宽温(－40～70℃)、湿度(5%～95%无凝结)、防护等级 IP40(防尘不防水)等。因此根据工业环境的硬件需求，工业防火墙的硬件一般采用无风扇嵌入式工业控制机来作为承载平台，然后再设计的时候通过调研提出相应的硬件组合需求。

(2) 满足对数据包的处理性能的高速度要求。在工业防火墙中，有针对已知协议提前建模好的规则模板，也有后期自动学习进行建模的规则模板。由于工业控制防火墙处理数据包是一个一个处理，包括数据包的校验，数据包每一层包头的处理，所以数据包越小，到达时间就越短，服务器处理数据包要求就越高。并且工业环境中各家设备的不同以及使用的工业协议[14]不同，工业防火墙需要同时在工业网络流量中同时并行处理多种工业协议报文。同时，规则库随着时间的增加规则条数也在持续增加，这些都是需要防火墙处理性能的支撑，保障网络数据的传输速度与模式匹配的检测速度满足工业网络的实时性需求。

(3) 满足工业环境稳定性要求。从满足工业环境稳定性要求的角度，工业防火墙的需要从硬件和软件层次去考虑本身的稳定性对工业网络的影响。工业防火墙需要同时具备软硬件 Bypass 功能。一旦设备异常或者重启，会启动 Bypass 功能，而无须担心因为工业防火墙本身出现问题而导致工业网络断网情况出现。

3. 工业防火墙技术

当今较先进的工业防火墙技术[16]。

1) 透明接入技术

透明模式最主要的特点就是对用户是透明的，用户意识不到防火墙的存在。如果要想实现透明模式，防火墙必须在没有 IP 地址的情况下工作，不需要对其设置 IP 地址，用户也不知道防火墙的存在。防火墙采用了透明模式，用户就不必重新设定和修改路由，防火墙就可以直接安装和放置到网络中使用，如交换机一样不需要设置 IP 地址。

2) 分布式防火墙技术

分布式防火墙负责对网络边界、各子网和网络内部各节点之间的安全防护，因此，分布式防火墙是一个完整的系统，而不是单一的产品。根据所需完成的功能，分布式防火墙体系结构包含如下 3 个部分：①网络防火墙；②主机防火墙；③中心管理，其负责总体安全策略的策划、管理、分布及日志的汇总。

分布式防火墙的工作流程如下：首先，由制定防火墙接入控制策略的中心管理通过编译器将策略语言描述转换成内部格式，形成策略文件；然后，中心管理采用系统管理工具把策略文件分发给各自内部主机，内部主机将根据 IP 安全协议和服务器端的策略文件两个方面来判定是否接受收到的包。

3) 智能型防火墙技术

智能型防火墙的结构由内外路由器、智能认证服务器、智能主机和堡垒主机组成。内外路由器在 Intranet 和 Internet 网之间构筑一个安全子网，称为非军事区(DMZ)。

智能型防火墙的工作原理可以理解为智能型防火墙中内外路由器的工作过程，Intranet 主机向 Internet 主机连接时，使用同一个 IP 地址。而 Internet 主机向 Intranet 主机连接时，必须通过网关映射到 Intranet 主机上。它使 Internet 网络看不到 Intranet 网络。无论在任何时候，DMZ 上堡垒主机中的应用过滤管理程序可通过安全隧道与 Intranet 中的智能认证服务器进行双向保密通信，智能认证服务器可以通过保密通信修改内外路由器的路由表和过滤规则。整个防火墙系统的协调工作主要由专门设计的应用过滤管理程序和智能认证服务程序来控制执行，并且分别运行在堡垒主机和智能服务器上。

5.2.3 国内外典型工业防火墙介绍

1. 国内工业防火墙

1）启明星辰

启明的防火墙类产品主要以统一威胁管理（UTM）为主，产品线很丰富，上至万兆核心网络下到百兆低端网络，且集成了入侵检测系统（IDS）、入侵防御系统（IPS）、防病毒、防垃圾邮件、内网安全、实时监控与日志审计等功能。启明防火墙功能相对比较齐全，产品主要面向中小型企业市场，基本上都可以升级为 UTM。

旗下天清汉马工业防火墙 IFW-3000 系列是为工业控制网络安全专门设计的防火墙产品。采用宽温、防尘、抗电磁、抗震设计；提供导轨式、机架式两种形态；支持 Bypass、热备机制、接口联动、端口冗余多种技术，全方位保证设备可靠运行。

2）杭州迪普

杭州迪普研发了很多高性能且多样化的产品。迪普的产品线相当丰富，产品功能多样。其中服务器的虚拟化产品、应用交付平台、深度业务交换网关值得关注，尤其是服务器的虚拟化安全产品。统一管理中心实现对网络的统一安全管理。云安全中也需要统一安全管理中心。

3）H3C

H3C 工业防火墙是新华三技术有限公司面向工业控制网络研发和推出的涵盖传统防火墙、工业网络流量智能学习、工业协议数据包深度解析、工业协议指令控制等功能在内的工业网络安全防护产品。采用工业级的硬件，无风扇全封闭设计、冗余电源，满足工业现场恶劣环境的应用。提供完备的高可用性集群（HA）双机热备份技术，一台防火墙在发生故障时，业务可以平滑切换到另一台备用设备上，保证主备倒换的时候业务不会发生中断。同时，H3C 工业防火墙还支持 Bypass 功能，当设备出现故障时，网络流量可以直接 Bypass 通过，避免用户业务中断。

2. 国外工业防火墙

1）Cisco

思科的产品很有特点。可扩展性很强，ASA5500 系列的 IPS 模块、内容安全与控制模块 CSC-SSM、接口卡等，可以提供全方位的安全保护。思科安全产品的安全接入、虚拟办公方面做得很好。还有集成在各种交换机或路由器上的安全模块，可以为用户节省很多资金。

工业网络需要高级威胁防御，需要使用强化的解决方案来确保服务交付万无一失。面对这种需求,思科提供了广泛的工业控制网络解决方案组合。可用于要求最苛刻的工业控制系统(ICS)环境。

2) Fortinet

Fortinet 的产品性能很不错,低端产品很实用且功能丰富,高端产品的扩展性很强。Fortinet 的防火墙低端产品做得非常好,很适合当前的小型机构,是唯一为完全的网络和内容安全设计的系统,全球唯一使用 ASIC 加速的防病毒系统。

Fortinet 发布了工业防火墙 FortiGate Rugged 系列产品。该防火墙是专门针对工业工况环境加固的多合一安全设备,可面向 OT(Operation Technology)网络环境,为工业控制行业用户提供专门的威胁防护,保护关键的工业控制网络免受恶意攻击。

3) Check Point

Check Point 公司的产品线很丰富。防火墙产品与软件刀片结合可以满足任意需求。软件刀片多样化及模块化可以满足不同需求。整个安全产品可以实现统一管理。公司提供各种安全方面的服务。另外公司推出了基于云安全及虚拟化的软件刀片产品。测量安全设备实际性能的新方法能够帮助客户选择最适合的设备及解决方案。

Check Point 旗下工业级安全性防火墙采用市场领先的包状态监测防火墙和入侵防护技术——正在为《财富》500 强中 97%的企业保驾护航的公认技术。

5.3 工业控制系统入侵检测技术

随着计算机技术和网络的发展,政府、经济、军事、社会、文化和人们生活等各方面都越来越依赖于网络。但是由于早期网络协议设计对安全问题的忽视,以及使用和管理上的无政府状态,使得网络安全隐患始终难以解决,尽管目前已经有许多防火墙产品,但由于防火墙技术本身的局限性,无法彻底地智能化防护侵袭者如黑客对系统的攻击。

目前,有多种方法可以检测到网络入侵行为,但是几乎所有这些方法都要使用日志文件或跟踪文件。这些文件记录的绝大多数数据是在系统正常运行时产生的。如果没有第三方工具把正常情形与异常情形时的记录内容区分开来,则入侵行为很难检测。在 1980 年 James Anderson 就提出了入侵检测(intrusion detection system, IDS)的概念,随后入侵检测被不断地发展。现在入侵检测被认为是防火墙之后的第二道安全闸门,在不影响网络性能的情况下能对网络进行检测,从而提供对内部攻击、外部攻击和误操作的实时保护。

5.3.1 入侵检测系统原理

入侵检测是一个动态的防御系统,可以识别防火墙不能识别的攻击,它是一个监听设备,没有跨接在任何链路上,无须网络流量流经它便可以工作。目前,针对大多数企业网络存在外部入侵、恶意攻击、信息泄露、资源滥用等现状，入侵检测技术是防火墙技术合理而有效的补充，可以弥补防火墙的不足，它从计算机网络系统中的若干关键点收集信息，并分析这些信息，看看网络中是否有违反安全策略的行为和遭到袭击的迹象。

对于入侵的行为检测可以分为两种模式[17]：异常检测和误用检测。前者先要建立一个系统访问正常行为的模型，凡是访问者不符合这个模型的行为将被断定为入侵；后者则相反，先要将所有可能发生的不利的、不可接受的行为归纳建立一个模型，凡是访问者符合这个模型的行为将被断定为入侵。第一种异常检测的漏报率很低，但是不符合正常行为模式的行为并不见得就是恶意攻击，因此这种策略误报率较高。误用检测由于直接匹配比对异常的不可接受的行为模式，因此误报率较低。入侵检测的信息来源一般来自于四个方面：系统和网络日志、目录和文件中不期待的改变、程序行为中不期待的行为、物理形式的入侵信息。检测的内容主要针对有 3 种攻击，侦探型攻击、漏洞型攻击、拒绝服务型攻击。入侵检测包含了 4 个组件，事件产生器、事件分析器、响应单元、事件数据库。

如何去评价入侵检测系统，尚无形成规定的评估标准。目前对其基本要求是能保证自身的安全。和其他系统一样，入侵检测系统本身也往往存在安全漏洞。若对入侵检测系统攻击成功，则直接导致其报警失灵。入侵检测系统首先必须保证自己的安全性。

5.3.2　工业入侵检测技术

工业控制系统是一类用于工业生产的控制系统的统称[18]。是指用于操作、控制、辅助自动化工业生产过程的设备、系统、网络以及控制器的集合，包括数据采集与监控(Supervisory control and data acquisition，SCADA)系统，分布式控制系统(Distributed Control System，DCS)和执行控制功能的其他系统。工业控制系统广泛应用于各行各业，包括能源、电力、石油、交通、化工等，在国家基础设施中扮演着至关重要的角色，关系着国计民生。因此，一旦被攻击成功，将会为国家带来极其严重甚至不可挽回的损失，很容易成为攻击者的目标。传统的工业控制系统是基于物理隔离的，其主要关注点是系统的本身安危，这就不可避免地会造成对网络安全信息的考虑不到位和对专业安全防御措施缺乏的现象，所以现阶段的工业控制系统正面临着巨大的挑战。目前，在工业控制系统下安全防护技术应用中，采用安全架构和策略进行系统设计，并对系统进行安全漏洞扫描、信息传输加密、认证处理，同时采用访问控制和入侵检测等技术进行安全防御，以保障其安全、可靠、稳定的运行。工业控制系统入侵检测是根据正常行为操作与入侵攻击行为的模式差别，提取反映系统行为的数据特征，并通过设计的检测算法对入侵攻击行为数据进行识别，以实现对攻击行为的异常检测或攻击类型分类。由于工业控制入侵检测技术是基于系统行为数据建立异常攻击的检测系统，能够对异常行为模式进行识别，对工业控制系统的安全防御具有重要的作用。

1. 工业控制系统入侵检测性能评价

典型的入侵检测系统测试指标有检测率(TPR)、漏报率(FNR)、误报率(FPR)，检测率表示了对系统行为正确检测的性能，一般代表入侵检测的整体性能[19]。工业控制系统入侵检测研究需要根据实际应用环境综合考虑系统的检测性能。同时根据工业控制实时性的要求，降低模型复杂度和检测时间也是检测性能评价的一个重要标准。

2. 工业控制系统入侵检测技术的研究对象

针对异常攻击行为检测的目标，工业控制入侵检测技术的应用是利用系统行为数据建立异常攻击行为的检测系统。首先根据入侵检测特征提取系统数据，建立入侵检测的训练数据集和测试数据集，并利用设计的入侵检测算法进行训练与测试，以达到相应的检测性能标准。随着工业控制系统网络化与信息化的深入发展，对异常行为的检测也具有更高的要求，相关的理论研究主要为检测特征选择和检测算法设计。由于实时分析对工业控制网络安全非常重要，为了提高入侵检测的实际应用能力，需要进一步研究对系统主机和网络行为数据的实时分析与处理，并降低模型复杂度和检测时间[20]，工业控制系统入侵检测技术应用如图 5-13 所示。

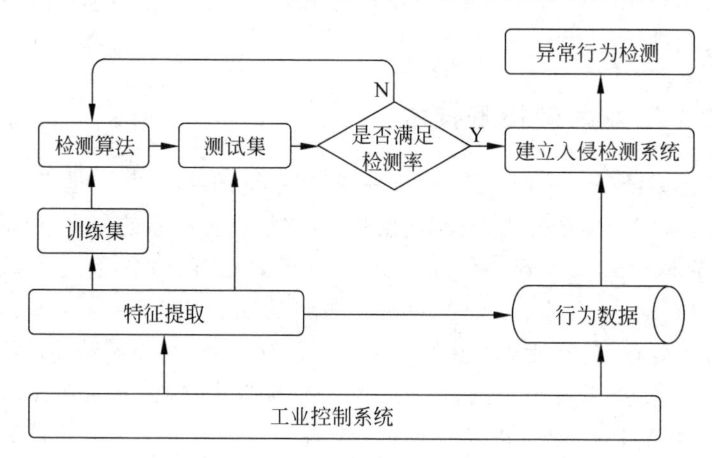

图 5-13　工业控制系统入侵检测技术应用

3. 工业控制系统入侵检测技术分类

ICS 没有一个明确的分类方法[21]，目前仍主要采用传统分类方法进行分类，可从检测技术和数据源 2 个维度进行划分，如图 5-14 所示。

1) 基于不同数据来源分类

入侵检测系统(IDS)通过监视和分析主机或网络上的活动来检测内部和外部攻击对系统的威胁[22]。在这种威胁下，主机或网络的机密性、完整性或可用性将遭受到影响。在传统 IT 系统中，根据收集到的数据的位置和来源，IDS 可以分为

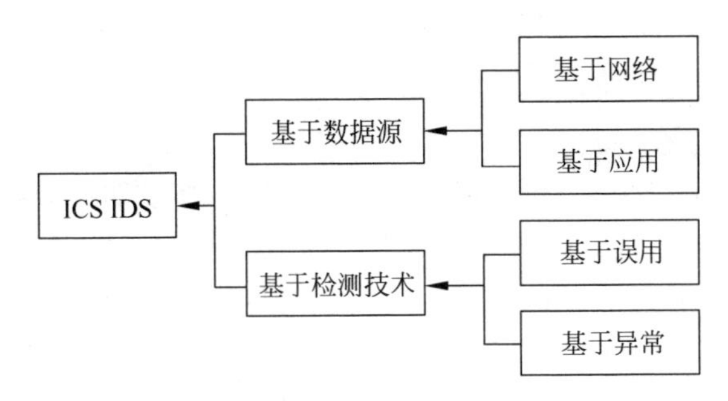

图 5-14　工业控制系统入侵检测技术分类

基于网络的 IDS 和基于主机的 IDS，这种分类与工业控制系统有相似之处，然而由于工业控制系统在架构、功能、使用设备等方面的不同，可以将针对工业控制系统的 IDS 分为基于网络的 IDS 和基于应用的 IDS。

(1) 基于网络的 IDS。基于网络的 IDS 也称为基于流量的 IDS。对系统通信过程中的数据流量进行分析，针对不同的流量特征，建立检测模型并对系统中的异常行为进行检测。通过被动地监听网络上传输的原始流量，对获取的网络数据进行处理，从中提取有用的信息，再通过与已知攻击特征相匹配或与正常网络行为原型相比较来识别攻击事件。包括可检测协议攻击、特定环境的攻击等多种攻击。但是它只能检测本网段的活动，且进度较慢，在交换网络环境下难于配置，防欺骗能力较差。基于串口的 Modbus 网络上存在着四类可以被攻击者利用以发起攻击的漏洞，并据此提出了 Snort 规则来检测和防御这些漏洞。基于工业网络中的网络数据包和节点数据，给出了一种基于多模型的异常检测方法，设计了一种新型的基于嵌入式智能和弹性协调的多模式异常入侵检测系统，并利用智能隐马尔可夫模型的分类器来区分实际的攻击与故障，来克服异常检测的缺点。

(2) 基于应用的 IDS。工业控制系统的应用程序通常会记录相关受监督和受控流程的有价值信息，并将其存储在历史记录服务器中，以便用于系统维护、执行业务、保留历史数据等。ICS 应用数据是由传感器和执行器产生的控制数据和测量数据，这些数据作为应用程序数据的主要部分。基于应用的一种无监督学习的异常检测方法，该方法主要包括两个阶段：第一，对正常和异常操作状态进行自动分类；第二，自动取这些状态的邻近。有的专家提出模拟热风炉拱顶温度控制系统，然后改进了非参数 CUSUM 算法，针对模拟系统实现入侵检测并报警。为了监测核电站等关键过程系统提出了一种异常入侵检测方法，该方法使用与自动关联核回归(AAKR)模型结合的顺序概率比测试(SPRT)来实现。现在提出了一种新颖的基于域感知的异常检测系统，可以检测 SCADA 控制寄存器值的不规则变化。用数据驱动的方法来检测工业设备中的异常行为，其中两个多元分析技术，即主成分分析(PCA)[24]和偏最小二乘法(PLS)相结合来建立检测模型。

2）基于检测技术分类

按照检测策略的不同，工业控制系统入侵检测又可以分为两大类：基于误用的检测和基于异常的检测。

（1）基于误用的IDS。基于误用的IDS，也称为基于知识的检测，它是指运用已知攻击方法，根据已定义好的入侵模式，通过分析入侵模式是否出现来检测。他通过分析入侵过程的特征、条件、排列以及事件间的关系来描述入侵行为的迹象。误用检测技术首先要定义违背安全策略事件的特征，判别所搜集到的数据特征是否在所搜集到的入侵模式库中出现。这种方法与大部分杀毒软件采用的特征码匹配原理类似。它包括几种方法，专家系统、模型推理、转化状态分析、模式匹配、键盘监控。

（2）基于异常的IDS。基于工业控制系统异常的IDS，也称为行为的检测，是指根据使用者的行为或资源使用情况来判断是否发生入侵，而不依赖于具体行为是否出现来检查。该技术首先假设网络攻击行为是不正常的或者是异常的，区别于正常行为。如果能够为用户和系统的所有正常行为总结活动规律并建立行为模型，那么入侵检测系统可以将当前捕获到的网络行为与行为模型相对比，若入侵行为偏离正常的行为轨迹，就可以被检测出来。它主要包括几种方法，用户行为概率统计模型、预测模式生成、神经网络[25]。

5.3.3 工业入侵检测系统的研究进展

目前的工业控制入侵检测技术研究中，大多的研究工作集中于入侵检测算法，由于工业控制的环境不同于传统的IT系统，不仅有网络传输的流量数据和主机系统运行状态数据，还包括了控制系统模型参数、输入输出变量、操作命令等多种工业控制环境的行为数据[17]。20世纪中后期，对于工业控制系统中基础设施的保护更多地通过简单的物理安全措施来实现，例如，对现场设备的保护。然而随着20世纪80年代起计算机以及网络的快速发展，这些关键基础设施也越来越计算化。如国家电网，为了节约成本方便操控，将多个分布式系统互联再集中控制。这样一来，最初未将安全考虑进去的SCADA系统就面临着前所未有的安全威胁。严重的情况下，攻击者可能直接通过互联网访问并控制关键系统的控制面板。其次，随着工业化、信息化的“两化融合”，工业控制系统越来越多地与企业办公室网络或外部互联网相连，呈现出更加开放的特点。这种紧密连接打破了ICS隔绝外部攻击的“天然屏障”，不再是一座“孤岛”。因此，ICS的网络安全问题威胁及入侵风险日益增强。

1980年4月，James P. Anderson为美国空军做了一份题为《Computer Security Threat Monitoring and Surveillance》（计算机安全威胁监控与监视）的技术报告，第一次详细阐述了入侵检测的概念。他提出了一种对计算机系统风险和威胁的分类方法，并将威胁分为外部渗透、内部渗透和不法行为三种，还提出了利用审计跟踪数据监视入侵活动的思想。这份报告被公认为是入侵检测的开山之作。从1984—1986年，乔治敦大学的Dorothy Denning和SRI/CSL(SRI公司计算机科学实验室)的Peter Neumann研究出了一个实时入侵检测系统模型，取名为IDES(入侵检测专家系统)。该模型由六个部分组成：主体、对象、审计记录、轮廓特征、异常记录、活动规则。它独立于特定的系统平台、应用环境、系统弱点以及入侵类型，为构建入侵检测系统提供了一个通用的框架。1988年，SRI/CSL的Teresa Lunt等人改进了Denning的入侵检测模型，并开发出了一个IDES(图5-15)。该系统包括一个异常检测器和一个专家系统，分别用于统计异常模型的建立和基于规则的特征分析检测。1990年是入侵检测系统发展史上的一个分水岭。这一年，加州大学戴维斯分校的L. T. Heberlein等人开发出了NSM(network security monitor)，无需将审计数据转换成统一格式的情况下监控异种主机。至此基于网络的IDS和基于主机的IDS两大阵营正式形成。

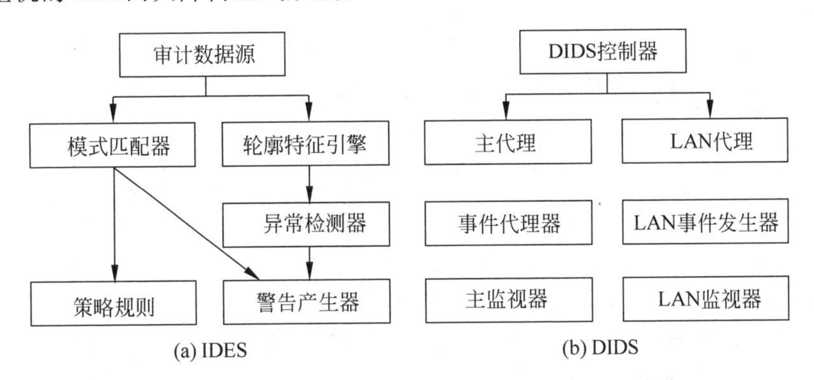

图5-15 基于网络的IDS和基于主机的IDS两大阵营

在2007年，Cheung等人针对工业控制通信协议提出了一种基于模型的IDS。根据公开的协议规范及业务逻辑，对报文中功能码等数值关系构造基于协议格式的模型。该方案可检测出潜在攻击，但易导致较高的误报率。

在2010年研究人员在对流量信息检测之初，必须对工业控制网络中确定提取何种数据进行分析。为此，Stavroulakis等人详细讨论了流量分析在ICSIDS方面的应用，把ICS流量划分为，由独立的源IP、目的IP、TCP/UDP端口等信息组成的流量矩阵(traffic matrix)，表示网络中各个会话的流量信息。同年Misra等人提出了系统功耗、通信开销和处理器负载等指标。在之后的两年，Vollmer等人采用滑动窗口技术，动态、精确地提取真实包序列中的IP地址数目、单IP地址包数、平均包间隔等16种网络特征，利用BP和IM(Levenberg-Marquardt)算法训练神经网络，检测异常流量事件。为克服神经网络训练开销大的缺点，Manic等人采用模糊逻辑实现一系列入侵检测机制来描述不精确、不确定的事件和现象，并通过近似推理技术提升检测系统的容错性。

在2013年Chen等人就ICSIDS进行分类划分，从检测技术和数据源两个维度进行划分。在2014年研究人员还针对特定行业、私有协议进行分析，研制特定的入侵检测机制。给出的架构，在企业网、控制网和现场网边界及控制网内部进行部署，以及采用访问控制白名单等进行异常检测。实现对扫描等入侵行为的识别并提高了检测效率。

从20世纪90年代到现在，入侵检测系统的研发呈现出百家争鸣的繁荣局面，并在智能化和分布式两个方向取得了长足的进展。目前，SRI/CSL、普渡大学、加州大学戴维斯分校、洛斯阿拉莫斯国家实验室、哥伦比亚大学、新墨西哥大学等机构在这些方面的研究代表了当前的最高水平。近两年来深度学习用于工业系统的入侵检测。深度学习在工业控制系统入侵检测方面具有优势，同时特征选择对于数据降维具有很好的效果。

习题

1. 工业控制系统的威胁来源主要体现在哪些方面？
2. 常见的工业控制系统攻击方法包括哪些？
3. 工业控制系统的脆弱性主要集中在哪些领域？
4. 请简述防火墙的定义和主要功能，以及工业防火墙与传统防火墙之间关系和差异。
5. 请简述工业防火墙的设计原则及性能要求。
6. 工业防火墙技术有哪几个类型，这些类型的优缺点分别是什么？
7. 简述入侵检测的原理。
8. 工业控制系统入侵检测性能评价指标有哪些？
9. 简述工业入侵检测技术的分类。

参考文献

[1] 夏春明，刘涛，王华忠，等. 工业控制系统信息安全现状及发展趋势[J]. 信息安全与技术，2013，4(2)：13-18.

[2] 彭勇，江常青，谢丰，等. 工业控制系统信息安全研究进展[J]. 清华大学学报(自然科学版)，2012，52(10)：1396-1408.

[3] 刘威，李冬，孙波. 工业控制系统安全分析[J]. 信息网络安全，2012(8)：41-43.

[4] 陈兴蜀，曾雪梅，王文贤，等. 基于大数据的网络安全与情报分析[J]. 工程科学与技术，2017，49(3)：1-12.

[5] 郭强. 工业控制系统信息安全案例[J]. 信息安全与通信保密，2012(12)：68-70.

[6] 陈星，贾卓生. 工业控制网络的信息安全威胁与脆弱性分析与研究[J]. 计算机科学，2012，39(S2)：188-190.

[7] 戴蓉，黄成. 防火墙的分类和作用[J]. 电脑编程技巧与维护，2011(4)：104-105.

[8] 程玮玮,王清贤.防火墙技术原理及其安全脆弱性分析[J].计算机应用,2003(10):46-48.

[9] 宿洁,袁军鹏.防火墙技术及其进展[J].计算机工程与应用,2004(9):147-149+160.

[10] 冯丹丹.浅谈大数据时代人工智能在计算机网络技术中的应用[J].科技创新导报,2018,15(6):249+251.

[11] 刘慧芳.工业防火墙的测评标准研究和测试方法实现[J].自动化仪表,2019,40(11):15-19.

[12] 张剑.工业控制系统网络安全[M].成都:电子科技大学出版社,2017.

[13] 卢光明.我国工业控制系统信息安全现状及面临的挑战[J].网络空间安全,2018,9(3):1-7.

[14] STOUFFER K,FALCO J,SCARFONE K. Guide to industrial control systems(ICS) security[J]. NIST Special Publication,2007,800:82.

[15] BARBOSA RRR,SADRE R,PRAS A. Exploiting traffic periodicity in industrial control networks[J]. International Journal of Critical Infrastructure. 2016,13:52-62.

[16] Security for Industrial Automation and Control Systems: Terminology, Concepts and Models. ANSI/ISA-99.01.01-2007. 2007

[17] 尚文利,安攀峰,万明,等.工业控制系统入侵检测技术的研究及发展综述[J].计算机应用研究,2017,34(2):328-333+342.

[18] 杨安,孙利民,王小山,等.工业控制系统入侵检测技术综述[J].计算机研究与发展.2016(9).

[19] 冯凯.工业控制网络入侵检测系统的设计与实现[D].郑州大学,2018.

[20] 严益鑫,邹春明.工业控制系统 IDS 技术研究综述[J].网络空间安全,2019,10(2):62-69.

[21] COLELLA A,CASTIGLIONE A,COLOMBINI C M. Industrial control system cyber threats indicators in smart grid technology[C]//2014 17th. International Conference on Network-Based Information Systems. IEEE,2014:374-380.

[22] ZHANG X, ZHANG W, GUO X. Design and implementation of industrial firewall configuration management system [C]//2nd International Forum on Management, Education and Information Technology Application IFMEI 2017, Atlantis Press, 2018: 118-122.

[23] SAHU S K,KATIYAR A,KUMARI K M,et al. An SVM-based ensemble approach for intrusion detection[J]. International Journal of Information Technology and web Engineering (IJITWE),2019,14(1):66-84.

[24] SALO F,NASSIF A B,ESSEX A. Dimensionality reduction with IG-PCA and ensemble classifier for network intrusion detection[J]. Computer Networks,2019,148:146-175.

[25] 吴峻,李洋.基于 BP 神经网络和特征选择的入侵检测模型[J].计算机工程与应用,2008(30):114-117.

[26] DEBAR H, BECKER M, SIBONI D. A neural network component for an intrusion detection system[C]//Proceedings 1992 IEEE Computer Society Symposium on Research in Security and Privacy. IEEE Computer Society,1992:240-250.

[27] KIM G, YI H, LEE J, et al. LSTM-based system-call language modeling and robust ensemble method for designing host-based intrusion detection systems[J]. arxiv preprint arxiv:1611.01726. 2016.

第6章

智能制造工业控制系统安全体系构建

随着工业互联网、云计算、大数据、物联网、全数字化仪控系统等新一代信息技术的快速发展，智能制造在推进发展过程中面临的安全威胁也越来越多，形势也越来越复杂。2017年5月，公安部颁布了GA/T 1390.5—2017《信息安全技术　网络安全等级保护基本要求　第5部分：工业控制系统安全扩展要求》，提出了专门针对工业控制系统的安全技术要求及管理要求，为工业控制系统的安全防护提供了重要参考。标准的工业控制系统安全扩展要求结合了工业控制系统自身特点，分析系统本身面临的风险，从网络和通信安全、设备和计算安全、应用和数据安全等方面，在通用安全要求基础上新增了若干与工业控制系统相关的控制项。2019年5月，GB/T 22239—2019《信息安全技术　网络安全等级保护基本要求》(以下简称《等保2.0》)对外发布，其中工业控制系统安全扩展要求针对工业控制系统的特点提出。主要内容包括室外控制设备防护、工业控制系统网络架构安全、拨号使用控制、无线使用控制和控制设备安全等。本章将结合这两个标准对智能制造工业控制系统安全体系构建进行一些探讨。

6.1　工业控制系统

工业控制系统(ICS)是几种类型控制系统的总称，包括数据采集与监视控制系统(SCADA)、集散控制系统(DCS)和其他控制系统，如在工业部门和关键基础设施中经常使用的可编程逻辑控制器(PLC)。工业控制系统主要由过程级、操作级以及各级之间和内部的通信网络构成，对于大规模的工业控制系统，也包括管理级。过程级包括被控对象、现场控制设备和测量仪表等；操作级包括工程师和操作员站、人机界面和组态软件、控制服务器等；管理级包括生产管理系统和企业资源系统等；通信网络包括商用以太网、工业以太网、现场总线等。

工业控制系统层次模型从上到下共分为5个层级，依次为企业资源层、生产管理层、过程监控层、现场控制层和现场设备层，不同层级的实时性要求不同，如图6-1

所示。企业资源层主要包括企业资源计划系统(ERP)功能单元,其中包含了许多子系统,如生产管理、物资管理、财务管理、质量管理、车间管理、能源管理、销售管理、人事管理、设备管理、技术管理、综合管理,等等,用于为企业决策层员工提供决策运行手段。生产管理层主要包括制造执行系统(MES)功能单元,用于对生产过程进行管理,如制造数据管理、生产调度管理等。通过 MES,管理者可以及时掌握和了解生产工艺各流程的运行状况和工艺参数的变化,实现对工艺的过程监视与控制。过程监控层主要包括监控服务器与人机界面系统(HMI)功能单元,用于对生产过程数据进行采集与监控,并利用 HMI 系统实现人机交互。现场控制层主要包括各类控制器,如 PLC、DCS 控制单元等,用于对各执行设备进行控制。现场设备层主要包括各类过程传感设备与执行设备单元,用于对生产过程进行感知与操作。如图 6-2 所示。

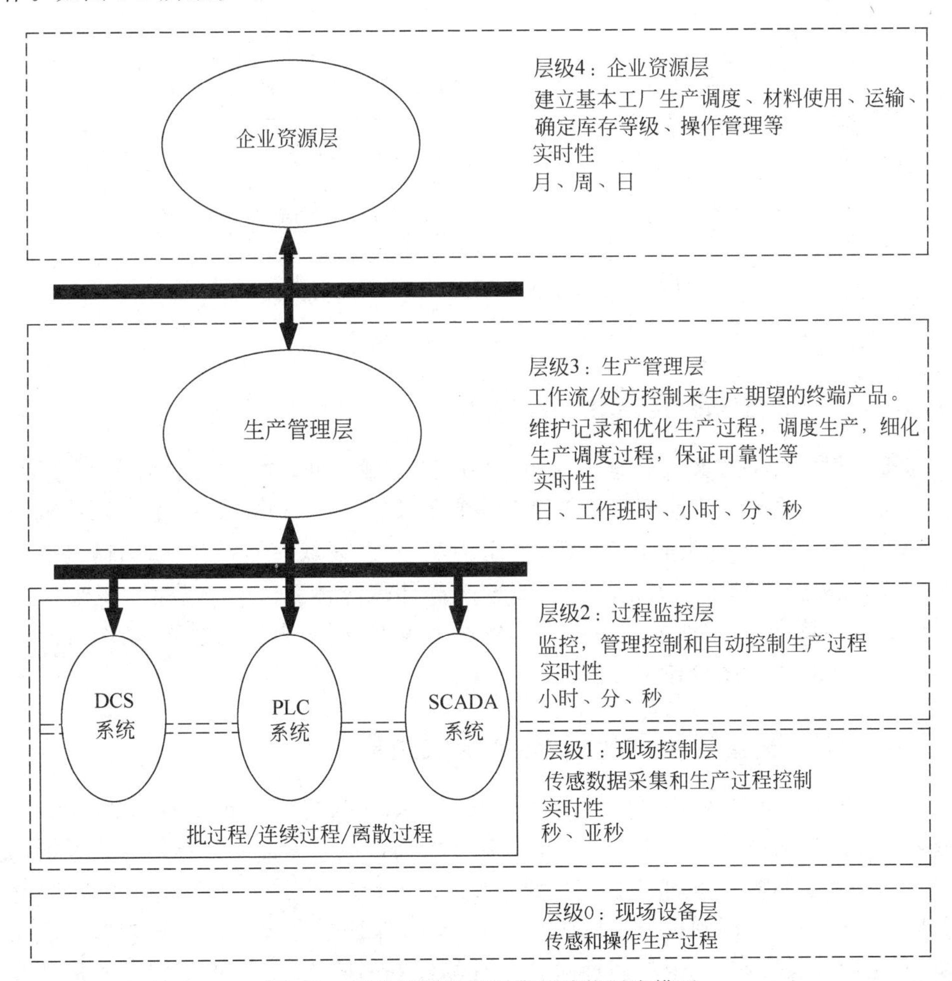

图 6-1　工业控制系统经典的功能层次模型

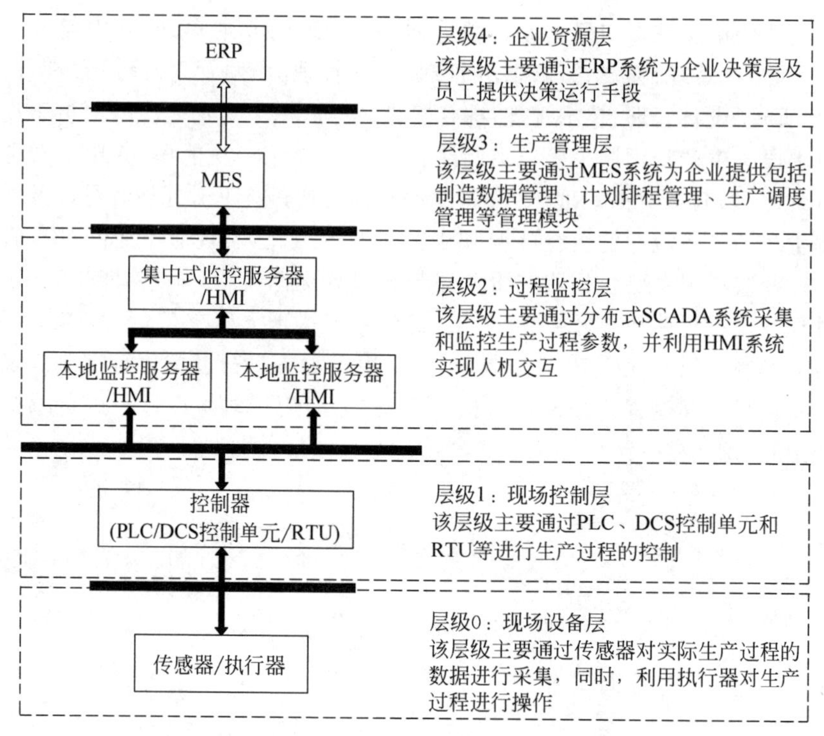

图 6-2　工业企业各层次功能单元映射模型

6.2　工业控制系统安全设计

等级保护解决方案设计思想为“一个中心、三重防护”体系。所谓“一个中心、三重防护”，就是针对安全管理中心和计算环境安全、区域边界安全、通信网络安全合规进行方案设计，建立以计算环境安全为基础，以区域边界安全、通信网络安全为保障，以安全管理中心为核心的信息安全整体保障体系[1]。本节以《等保 2.0》三级要求为例，针对工业控制系统中的安全通信网络、安全区域边界、安全计算环境和安全管理中心的构建进行探讨。

6.2.1　安全通信网络与安全区域边界

《等保 2.0》中要求工业控制系统与企业其他系统之间应划分为两个区域，区域间采用单向的技术隔离手段。工业控制系统内部应根据业务特点划分为不同的安全区域[2]。区域之间部署工业控制系统网络入侵检测、边界防护与隔离系统，如采用工业防火墙或网闸进行逻辑隔离安全防护，保证只有合法合规的数据实现交换，阻断内部误操作、攻击和病毒对工业现场设备的威胁途径，防止病毒的传播和攻击；在网络边界和关键网络节点部署工业控制系统安全监控审计系统，监控信息系统与工业控制系统间下发和上传的数据，特别是未知的新型网络攻击的检测和分析，实时监控、审计和预警生产控制层和生产设备层间的交互业务；采用VPN或HTTPS协议来保证通信过程中数据的完整性和机密性。

针对无线技术应用，对无线数据通信安全防护提出了新要求。实时监测制造环境下的无线干扰，识别物理环境中发射的未经授权的无线设备；保障合法无线连接，阻止非法用户关联；采用自主研发的轻量级密码算法，实现无线传输数据报文的机密性保护。

6.2.2　安全计算环境

《等保2.0》中对安全计算环境提出的要求包括身份鉴别、访问控制、安全审计、入侵防范、恶意代码防范、数据完整性和保密性以及数据备份恢复等，同时扩展要求中提出控制设备自身应实现相应级别安全通用要求提出的身份鉴别、访问控制和安全审计等安全要求。

因此，在企业资源层应采用口令、密码技术、生物技术等两种或两种以上组合的鉴别技术对用户进行身份鉴别。生产管理层应部署工业入侵防范系统和统一的恶意代码防范服务器，定期检查工业控制系统中常见的工业软件漏洞情况，对发现的漏洞及时打补丁修复，确保及时清理和修复病毒、木马和漏洞。控制设备做好身份认证、权限、访问控制方面的安全防护。控制层到设备层的指令应建立数据完整性审计功能，保障传输指令过程中不被修改，确保设备层执行命令的真实性。对于终端，通过建立完善的终端安全防护体系，包含防止病毒、身份鉴别、日志审计，确保操作系统的安全性，防止工业控制系统外部和内部的非法操作，做到监测预警，主动防御。部署的终端安全防护系统提供工业控制系统环境中典型的操作员站、工程师站、上位机、服务器等主机终端的基于白名单的安全管控；一体化安全PLC/DCS，实现对工业数据低延时的指令级识别、监测和防护功能，保证典型工业控制设备的安全。采用节点认证和通信加密技术，对控制系统中传输的数据报文中的相关控制、参数设置等敏感指令信息进行轻量级密码算法加密和完整性校验，对关键业务数据如工艺参数、配置文件、设备运行数据、生产数据、控制指令等进行定期备份和异地备份。同时，需实时监控整个工业生产网的数据，采用大数据分析整体掌握网络态势，及时做出响应和预警。

6.2.3　安全管理中心

《等保2.0》单独设立安全管理中心章节，强化安全管理中心的概念，突出安全管理中心在信息安全等级保护建设中的重要性。系统管理、审计管理和安全管理三小节中分别对系统管理员、审计管理员和安全管理员的管理主体、权限控制和管控过程提出明确要求，同时要求安全管理中心内的管理系统符合“三权分立”权限管理模式，并在集中管控小节中对管理系统需要符合的集中管控功能进行了规定。应对系统管理员、审计管理员和安全管理员进行身份鉴别，并规定这些管理员只允许进行的操作。集中管控要求对于安全设备和安全组件，将其管理接口和数据单独划分到一个区域中，与生产网分离，实现独立且集中的管理。大部分安全设备都有管理接口，其他功能接口不具备管理功能，也不涉及 IP 地址，这里要求就是将此类管理接口统一汇总到一个 Vlan 内，如所有设备管理口都只能由堡垒机进行登录，堡垒机单独划分在一个管理 Vlan 中。安全的信息传输路径可通过 SSH、HTTPS、VPN 等来实现；对链路、设备和服务器运行状况进行监控、报警可通过堡垒机、网络监控平台等来实现；设备上的审计不但要有策略配置，而且要合理有效并且为启用状态；策略、恶意代码、补丁升级集中管控等。

6.2.4 工业控制系统安全整体设计

根据 6.2.1 节～6.2.3 节的分析，结合《等保 2.0》的要求，可对工业控制系统安全整体框架进行如下设计，如图 6-3 所示。

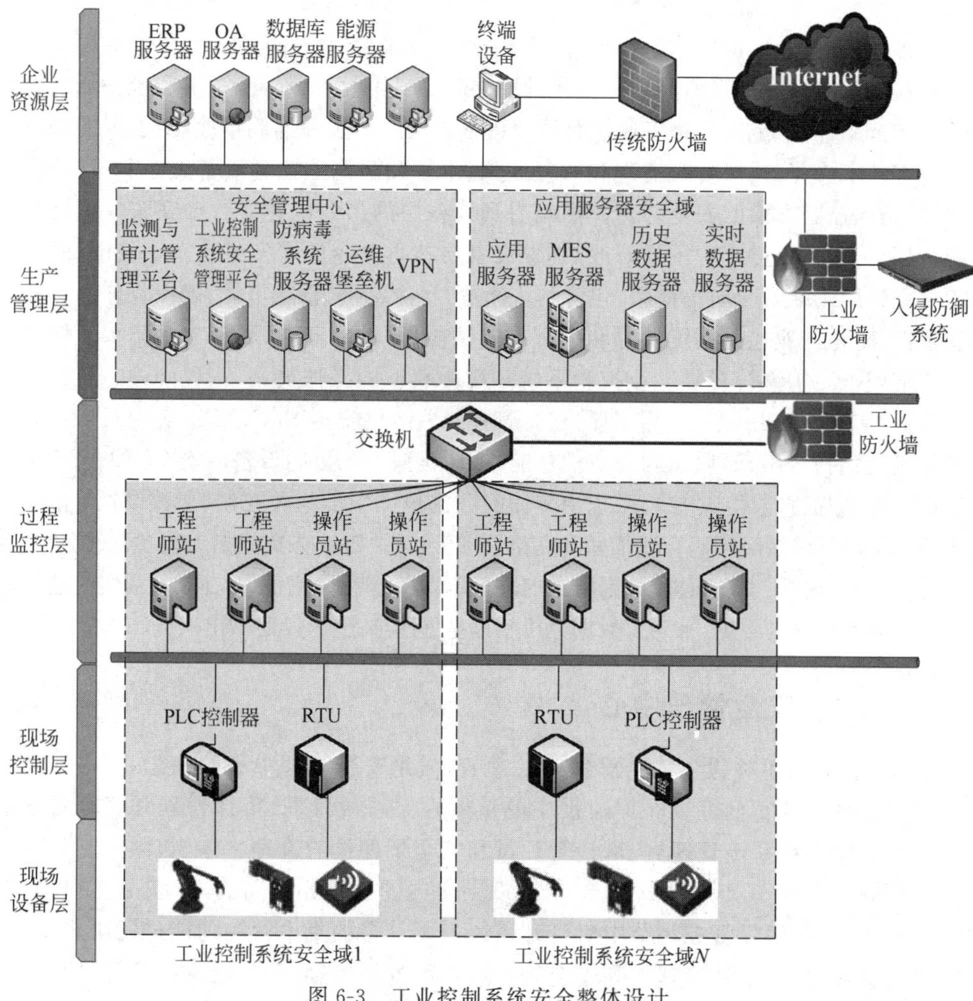

图 6-3 工业控制系统安全整体设计

在企业资源层与互联网之间部署传统防火墙，在企业资源层与生产管理层之间部署工业防火墙和工业控制系统网络入侵检测系统实现对不同层进行安全隔离与防护，减少安全事件在不同层级间"传染"现象发生。生产管理层应部署统一的恶意代码防范服务器，定期检查工业控制系统中常见的工业软件漏洞情况，对发现的漏洞及时打补丁修复，确保及时清理和修复病毒、木马和漏洞。通过安全管理平台，实现对生产管理层管理系统和过程控制层网络中私自接入的网络设备（如笔记本、手机、ipad 等）进行管控，从而解决因外接非法设备引起的网络安全问题。在生产管理层部署工业控制系统信息安全管理平台、监测与审计管理平台，在过程监控层交换机处部署审计监测探针，监测引擎通过获取交换机上的镜像流量进行分析、数据推送，管理系统对监测引擎进行管理和数据展现，从而实现对异常流量告警、记录、审计，为事后追溯、定位提供证据。在过程监控层部署终端安全管理系统，在操作员站、工程师站、接口机、MES 操作站、MDC 采集服务器等工业主机上安装工业控制系统安全卫士，构建"白环境"，实现对工业主机的进程"白名单"管理，移动存储介质管理，有效抵御未知病毒、木马、恶意程序等对工业主机的攻击，实现安全防护。在生产管理层部署堡垒机，在运维终端时，进行集中登录认证、集中用户授权和集中操作审计。实现对运维人员的操作行为记录、审计，对违规操作等行为的有效监督，为事后追溯提供依据。

习题

1. 工业控制系统网络层次模型共分为哪几层？每一层都包含哪些要素？
2. 查阅《等保 2.0》标准，并分析第三级要求中对工业控制系统网络边界安全的要求。
3. 何为"一个中心、三重防护"？
4. 根据《等保 2.0》的要求，生产管理层应部署哪些安全设施和防护手段？

参考文献

[1] 肖远军，刘波，陈琳. 动静协同的智能制造生产控制系统网络安全框架[J]. 通信技术，2019，52(1)：213-217.
[2] 王云良，杜兰，程熙，等. 面向智能装备制造的工业企业网络安全综合防护平台[J]. 中国仪器仪表，2020，(12)：21-26.